采薇
著

优秀的人，从不被情绪左右

中国出版集团 现代出版社

图书在版编目（CIP）数据

优秀的人，从不被情绪左右 / 采薇著. —北京：
现代出版社，2020.8
ISBN 978-7-5143-8770-4

Ⅰ. ①优… Ⅱ. ①采… Ⅲ. ①人生哲学—通俗读物
Ⅳ. ①B821-49

中国版本图书馆CIP数据核字（2020）第136690号

优秀的人，从不被情绪左右

作　　者：采　薇
责任编辑：姜　军　王志标
出版发行：现代出版社
地　　址：北京市安定门外安华里504号
邮政编码：100011
电　　话：010-64267325　64245264（传真）
网　　址：www.1980xd.com
电子邮箱：xiandai@vip.sina.com
印　　刷：三河市国英印务有限公司

开　　本：710mm×1000mm　1/32
印　　张：8　　字　　数：150千字
版　　次：2020年10月第1版　　印　　次：2020年10月第1次印刷
书　　号：ISBN 978-7-5143-8770-4
定　　价：38.00元

代序

认识采薇时，她在莫愁村经营着自己的一家小饭店。

“每日读书买菜，做几桌生意就打烊”，这是她那时的生活状态。因为身边有几个朋友喜欢采薇的那本《别在该动脑子的时候动感情》，为了让书更有分量，我还特地请采薇给几本签了名，并一一写上寄语，转赠给了几位朋友。

采薇给我的感觉非常特殊。

她爱买书，“家里的书多得搬不动”；她爱看书，总能说出一些我没听过的作家或者文字桥段来；更重要的是，她也是一位作者，对文字有着异乎常人的热情。

这种热情很快就传递到了我们俩的关系中。

2018 年的国庆，采薇来长沙，我们第一次见面，一块儿待了两天。这期间，我们一起享受美食，聊有趣的事情，感觉很是尽兴。

没事儿的时候，采薇会找我聊天。聊家庭、工作、生活，虽然只见过一面，我们却跟老熟人一样言无不尽。

采薇有一颗玲珑剔透的心，善于发现真、善和美，也乐于活出这几面来，跟我一样，她也不喜欢朝九晚五的生活，所以发誓以写字为生。

这几年，采薇陆续又出了几本书。

她书中的内容与我的工作也有暗合。无论是情感疗愈还是自我修养，都是我们情感咨询行业的“家常菜”。我也深知，无论是谁，都可能在某些时候需要安慰。我用语言，采薇用文字，这是我俩的小小区别。

最后说点儿跟这本书主题有关的话。

每当我们焦虑、恐慌、怀疑和不安时，一般都是感觉到对生活和未来失去了掌控。我自己的人生常态也是在“掌控”和“失控”中徘徊，偶尔也有挣扎。

我相信这也是群体社会中的普遍人性。我们害怕失控，可越是掌控，又总抓不住任何锚点，就越滑越远。

在情感咨询中，我并不提倡过分地“抓取”，因为这会让整个人的状态变得黏着，反而产生无力感。最好的状态是能够倾听内心的声音，从这种状态中走出来，直到内心越来越笃定，人生的主动权才能真正回归。

这个话题很深，值得探讨，也希望大家能在采薇的这本书中找到各自的答案。

不歪楼

认真生活的人，也会被生活厚待（自序）

社交网络越发达，我们见到的现象就越多。有炫耀着日常生活里跑车、爱马仕、别墅、环游世界的人，也有很多分享着“平价好物”“废物再利用”“手工”“省钱妙招”“百块以内”“穷游”“吃泡面的一百种方法”“如何控制千元生活费”“关注这些博主都可以获得更多打折优惠”“这一条旧裙子搭出三种新意”的人。

其实，这两种状态下的人生，是生活中的各个侧面。

前一阵子，网上有一个改造出租屋的图片展示。我的朋友娜娜也在这个话题下展示了她的动手能力。

她在郊外租了一个院子，那个院子破烂到一般人进去望上一眼扭头就走的地步，墙壁一碰就簌簌地掉灰，连窗户都是坏的。

娜娜说她没什么钱，但是不想在住的方面委屈自己。

我当时想，住在这里还不委屈？

后来我才知道，娜娜要自己动手改造这个出租屋。她自己做设计图，自己刷墙，用房租省的钱去二手市场淘家具进行翻新，没钱买宜家的家具，每天下班后去附近工地上捡来没人要的木块，自己慢慢切割、刨平、钉钉子、刷漆，做了书桌和书柜，用院子里掉落的树枝搭成衣帽架，再买了台二手缝纫机自己做窗帘、沙发罩，甚至连她养的花，也是其他居民以为死掉所以丢掉了的，被她捡了回去，后来养在旧皮鞋和矿泉水瓶里，也养得很好。

凭自己的双手，她将这个一百平方米的破房子焕然一新。在她身上，我看到了一种态度，一种用心生活，懂得好好对待自己的人生态度。

在这个平台上翻看各种各样的展示图，我发现，能认真对待自己生活的人，幸福感也很强。

哪怕是面对同样的困境，那些心里有光，不愿意放弃自己的人，他们的修复能力也更强。

相比于那些将就的、麻木的人，他们更有活力，更有生命力。

要知道，每个人都有走不下去、困顿迷茫甚至想破罐子破摔的时候，每当这时，我总会想到那些和我一样生活在这个世界上的人。我会看一看那些认真备考，认真挑选好物，认真生存，认真布置自己出租屋，认真学习，认真做食物，认真发现美，认真地抓住瞬间的人。可能他们中间很多人都与我素不相识，也隔了遥远的几千千米，但是他们的态度可以通过文字、图片和视频感染到我，给我安慰和鼓励。因为他们对生活的记录，本身就传达了他们这样的心理。

我有一位朋友是生意人，曾经资助过一个据说很优秀的大学生，因为地点离我住的地方很近，所以曾托我去拜访一下。

当我敲开门后，发现在白天，可房间里依然不见光，衣服、烟头扔得到处都是，吃剩的泡面盒和外卖盒可以绕沙发一圈，我有一种无处下脚的局促感觉，在我把资助金交给那个大学生之后，迅速逃离了那个家。

我后来告诉朋友，这个大学生是个把生活经营得一塌糊涂的人。我想，这样的人，他最缺乏的不是钱。他最缺乏的是向上生活的勇气和决心。至少他呈现给我的精神世界和生命状态也是潦倒的。

我一直相信，你怎么对待自己的人生，世界就怎么对待你。你过怎样的生活，就会拥有怎样的人生。

一个认真对待自己人生的人，也会谨慎对待别人的帮助。

有人曾说过，一个人，最应该学会的是如何和自己相处，而这个与自己相处，就要从如何好好对待自己开始。这两年“生活要有仪式感”已经变成了全民口号，我们在喊口号的同时，也意味着我们缺乏认真经营自己生活的能力，所以才需要用这样的口号来提醒自己。

其实，一塌糊涂地放纵，只能满足短暂的欲望。

长久地认真，才能赢来真正的圆满。

人们总是说，如果活到八十岁，人一辈子也就 29200 天，活一天就少一天，既然如此为什么不开心地过好每一天。我却想，既然如此，为什么不认真地活每一天。

倘若生活要选择一种人厚待，我想它一定会选择认真生活的人。

他们眼睛里对未来有期许，自己是自己的光，自己照耀前进的方向。

真正的幸福，没有人比他们更值得拥有。

写下这本书，希望某一天当你打开它的时候，能有一点儿美好照见你的内心，这样，在迷茫的时候，能重新鼓起勇气对待生活。

目录

第二章 / 好好爱自己，你才是陪自己最久的那个人

第三章 / 美好的关系和感情，都是用心经营出来的

第四章 ／ 你给予生活仪式感，生活才会给予你美感

第五章 ／ 真正的自由，通常都是从不自由中来

第六章 / 相信生活会变好的人，生活往往就会更好

01

第一章

你对自己的认识有多深，你对人生的驾驭能力就有多强

“自知”看起来是最简单的一件事，却也是最难的一件事。我们每天都看着别人，有意无意中却将自己最真实的一面深深地隐藏了下来。我们从别人那里获得评价，然后安在自己身上，却忽视了来自自我的认识。这样的“认知观”怎能帮助我们找到那个最正确的自己呢?

※ 不知道自己是谁的人，都有一颗易碎的玻璃心

朋友最近接到网友 A 的咨询，对方问她，如果在一个环境中真实地做自己，但是受到这个环境的排斥，该如何去协调这个问题。

朋友问 A：“你所谓的做真实的自己，是怎样的表现呢？有时候，我们觉得自己在做真实的自己，其实并没有将过往积累的一些并不健康的反应模式清除掉，还是伴随着一些惯性反应，这在别人看来，或许有一些不成熟。”

A 有些疑惑不解，她希望我朋友能举个不健康的反应模式的例子。

朋友想了想便说：“比如你跟家人相处，父母唠叨了你几句话，言下之意对你有不满，你真实地表露了自己的情绪，哭起来了，埋怨他们，而不是压抑自己的感受。这个心理机制是很微妙

的，可以看出你内心脆弱不稳，还想要父母对自己满意。”

“是会真实的表露，难道这有问题吗？” A 还是有些不明白。

朋友继续解释：“没有问题，但是对方会接收到关于你的信息，那就是你不自信，存心不良的人会更加觉得你是弱者，可以操控你，因为一个眼神就能让你如受凌迟之刑。”

A 恍然大悟。

一个不自信的人，往往是一个搞不清自己是谁的人，他不知道自己是谁，那势必会沉迷于照镜子，即通过观察他人对自己行为的反应而形成对自己的评价。

具体来说，就是别人夸他，认可他，对他表示满意，他就觉得自己好，别人批评他，否定他，对他表示不满意，他就觉得自己差。

毫无疑问，这种自我认知的方式一定是很不健康的，因为这样做等于你把自己放到了一个极为被动的境地，从此，你的喜怒哀乐完全由别人决定，你的人生状态就像一个四字成语——草木皆兵，你彻底丧失了安稳平和的心境。

前段时间，小冰跟男友回老家过年，去之前，男友就跟她打过预防针，说他爷爷说话有时候很难听，让她装聋作哑，不要往心里去。

小冰答应得好好的，可真的等到正面交锋起来，才发现自己还是不够淡定。

到了男友家，小冰礼貌地向爷爷问好，一到饭桌上，爷爷就问小冰，现在做什么工作，每个月挣多少钱，现在又存了多少钱。

小冰都一一回答，没想到爷爷听了后，冷嘲热讽道："你读了大学，每个月的薪水才这么点啊，我在乡下种庄稼，每年都能存上一两万呢。"

小冰本来就自尊心强，听到爷爷这么说，顿时感觉自尊心受伤了，她在饭桌上冲爷爷吼道："你会不会说话，你要是不会说你就闭嘴，没人当你是哑巴。"

说完，她就哭了。

因为爷爷说话难听，小冰一度想过跟男友分手，可男友对她很好，她实在舍不得，便想着以后再也不把爷爷的话当回事，一定要装作没听见。

可想是这么想，下一次，她还是会哭着怼回去。

被爷爷的话伤了很多次后，小冰终于腻味了，她不明白，为何自己那么容易被激怒，她特别想变得云淡风轻一点，因为她发现，不管跟谁相处，她都容易被对方的言语伤害，哪怕很多时候，别人真的没有恶意。

其实，对小冰来说，能意识到这一点，就已经很不错了。

从一个局外人的角度来看，爷爷说话确实难听，是他最先发起战争的，肯定是他的不对，那么小冰反击回去也是合情合理。

反击没有错，可如果是经常哭着反击回去，那这种激动的反击方式多多少少也暴露了小冰的真实心思——她对自己不自信。

而这种不自信的心态，也间接说明了一点，在某种程度上，她认可了爷爷对自己的评价，觉得自己工资不高，很丢脸，很没出息。

所以，心理学上才有这么一个结论：没有经过你的允许，别人是不可能伤害到你的。换言之，如果你对自己足够自信，你非常清楚自己是谁，那别人对你的负面评价你都不会信以为真，你可以大方地反击回去，也可以一笑了之。

※ 你为之焦虑的，不一定是你需要的

小时候，妈妈带你去商场买东西，路过一个摆满玩具的橱窗，你看上了一只可爱的毛绒玩具熊，一时间挪不开脚步，吵着闹着要妈妈给你买。

妈妈心想，这种毛绒玩具熊家里有一大堆，再买不是浪费钱吗？不买，于是拉着你往前走。可你偏不，你最爱毛绒玩具熊，妈妈不给你买，你就顺势躺在地上打滚儿。

眼看着围观的人越来越多，妈妈终于服软了，咬咬牙给你买了这只毛绒玩具熊。

你抱着这只毛绒玩具熊爱不释手，感觉拥有了全世界，还一再向妈妈保证，一个月内再也不买其他的玩具了。

好笑的是，许下承诺不到几分钟，在回家的路上，你无意中看见一个小朋友在地上玩玩具汽车，很快，你又开始挪不动脚了。

你望着手里的毛绒玩具熊，几分钟前那种“拥有全世界”的惊喜和幸福，一下子就消失不见了，取而代之的，是对那位玩玩具汽车的小朋友的羡慕，以及“我没有玩具汽车”的巨大失落和排山倒海而来的焦虑。

而那只毛绒玩具熊，一瞬间也就变得黯淡无光。

长大后，你身体健康，工作顺利，家庭和睦，你感觉再次拥有了全世界，可这种幸福很快就被一年一次的同学聚会摧毁了。

你孤独地坐在一旁，看着以前的同学一个个混得风生水起，有的住豪宅，有的开跑车，有的浑身都是名牌，还有的满世界旅游，你自卑了，你焦虑了，你突然想起小时候那只被自己紧拥在怀里，随即又被自己扔在一边的毛绒玩具熊了……

羡慕的种子种在每一个人的心里，当你看到别人拥有自己所没有的东西时，这颗种子就会顶破心土，发出娇嫩的芽儿来。

如果你一直处于“缺失”和“匮乏”的状态，羡慕的芽儿就会长成一棵参天大树，从而遮蔽你的眼睛，使你看不到真实的自己。

这是一种微妙的心理，如果你不能敏锐地察觉到，那几乎会跟真实的自己失之交臂。

是的，别人拥有的、你为之焦虑的，不一定是你真正需要的。

你明明喜欢的是毛绒玩具熊，却在看到别人拥有自己所没有拥有的玩具汽车时，渐渐忘掉自己喜欢毛绒玩具熊这个事实，盲目地活在“我没有玩具汽车”这个缺憾里，进而费力争取属于自己的“玩具汽车”。

实际上，“我没有玩具汽车”，连缺憾都算不上，因为你压根儿就不喜欢玩具汽车。一样你不喜欢的东西，你又怎么可能会需要呢？既然不需要，那即便没有拥有它，你也会觉得很坦然、很自在，不会感到失落和焦虑。

人之所以会失落和焦虑，是因为陷入了虚假的羡慕，以及毫无意义的攀比之中，我们觉得，别人有的，我们也要有，如果我们没有，我们就比别人矮一大截。

比来比去，毫无尽头，时间一天天过去，我们离真实的自己越来越远，心中的平衡被打破，手中的幸福在流失，想想都令人觉得疲惫、不值。

曾读过一个有趣的寓言故事。

有两棵胡萝卜，一棵枝叶茂盛，地下的根却很小，另一棵正好相反，萝卜根硕壮，地上的秧子却特别萎靡。

本来它俩在一起相安无事，只因过路人的一句话，“你看这两棵胡萝卜，一个这样，另一个却那样”就开始心生芥蒂。

这两棵胡萝卜都觉得过路人是在夸奖对方，于是彼此都在暗处较劲，拼命想让自己长得更好一点，可最终却换来一个双双枯萎的结局。

不难发现，这两棵胡萝卜刚开始都生活得好好的，各有各的模样，各有各的快乐，最后却因为攀比，让心中的快乐一点点流失。

在这两棵胡萝卜的身上，我们每个人都或多或少看到了自己的影子：明明吃家常小菜吃得很饱、很满足，眼瞧着别人天天吃鲍参翅肚，就开始眼红了；明明买了一辆便于上班的小汽车，眼瞅着别人开上了奔驰宝马，就开始有点焦虑了；明明住上了宽敞的新房子，眼看着别人买了海边别墅，就开始心塞了……

以前上大学那会儿，我很羡慕那些天天穿漂亮衣服，到处去逛街的女生，每次站在这些女生的边上，我总是自惭形秽，就好像丑小鸭误闯了天鹅群。

是呀，那时候的我争强好胜，处处不想输给别人，也不想被别人看不起，但又有什么办法呢？现实是很骨感的，父母给的生活费就那么多，如果我执意多买些漂亮衣服、鞋子，那吃饭怎么办？难不成饿着肚子喝西北风？

年轻毕竟气盛，管它呢，先买了再说，大不了，每天只吃一顿，早上不吃，晚上不吃，中午就去食堂随便打点便宜的饭菜，如果同学问起，我就说自己减肥。

当时，跟我一样焦虑的同学并不在少数，有的女生甚至比我更疯狂，她们到处找别的同学借钱，几个月下来，外债竟然高达“数千元”，还有的女生频繁向父母撒谎，借口学习需要，让父母多打点钱过来……

后来，那些到处借钱的女生被同学追着“讨债”，只能逃课去校外兼职；那些向父母“骗钱”的女生，事发后被父母狠狠地批评了一顿……

至于我，因为不按时吃饭、经常饿肚子，半年后，我得了胃病，一度痛得在床上打滚，而那些我花钱买来的宝贝，很长时间都在柜子里躺着生灰。

很奇怪对不对？作为一名宅女，如非必要，我一般不出寝室，既然不出门，那这些漂亮衣服和鞋子就没有登台亮相的机会，陪伴我最久的永远是睡衣、拖鞋。

毕业后参加工作，我一直用这段经历警醒自己：幸福从来都没有固定的模板，幸福是一种很主观的感受，从比较中得来的幸福往往并不长久，就像大热天没有被冷冻的鲜肉，很快就会因腐坏散发出一股恶臭，更像一棵没有深深扎根在泥土中的大树，风轻轻一吹就轰的一声倒落在地。

波兰诗人米沃什曾在《礼物》中写道："如此幸福的一天。雾一早就散了，我在花园里干活。蜂鸟停在忍冬花上。这世上没有一样东西我想拥有。我知道没有一个人值得我羡慕。"

当一个人找到真实的自己，带着晨露在花园里干活时，他就已经过着他想要的生活，此时的他需要羡慕谁呢？谁又值得他羡慕呢？

明确你想要的，奋力争取你需要的，而你不需要的，你永远不用为之焦虑。

如果时光能够倒流，下一次路过他人的玩具汽车，你一定要紧紧地抱着你心爱的毛绒玩具熊，目不斜视，心不动摇，坚定地往前走哦！

※ 别人眼中的你，并没有你想象中的那么重要

记得很久以前看过一部美国电影 *He's Just Not That Into You*（《他其实没那么喜欢你》），电影的开头很有意思，一个小女孩在公园里堆沙堡，迎面走来一个她心仪的小男孩，她微笑着看着他，结果却被他狠狠地推倒在地。

小女孩哭着问他："你为什么推我？"

小男孩蛮横地回答她："你闻起来就像狗屎，你的样子蠢得像狗屎，你就是狗屎做的。"

小女孩很伤心，跑到妈妈面前哭诉，妈妈却告诉她，宝贝，那个小男孩欺负你，是因为他喜欢你。

从此，女人们开始相信：如果一个男人做了令你伤心的事，就表示他喜欢你。

男人和女人初次见面，不管男人喜不喜欢眼前的女人，都会

出于礼貌索要女人的联系方式，潜台词是：下次我会给你打电话，找你约会。

女人信以为真，回到家后一直守在电话旁，可左等右等，却始终等不到男人的电话。

女人很失落，这个时候，闺密们纷纷安慰她：

“他显然很喜欢你，我相信他只是弄丢了你的号码……”

“他没约你，是因为他被你成功的事业吓到了……”

“相信我，因为他刚结束了一段认真的感情……”

“相信我，因为他从没有过认真的感情……”

…………

事实真的是这样吗？

当然不是。

就像电影里所说的，“一个男人如果真的喜欢你，一定不会让你费尽周折去找他，他会主动送上门来”。

所以，女人们互相宽慰，不过是因为太害怕或是太难说出那个显而易见的事实——其实他没有那么喜欢你。

换句话说，你在他的眼中并没有那么重要。

生活中，很多人都羞于承认这点，因为这会让他们的自恋受挫，魅力受损。

前两天刷朋友圈，看到好友兰兰分享了一张她的旅行照，等我准备评论的时候却发现照片不见了，我便问她为什么要把照片删除。

兰兰有点儿不好意思地说，照片都发了快一个小时了，一个点赞都没有，一条评论也没看见，她觉得好丢脸，就把照片删了。

很多人都有过这样的体验吧，在朋友圈上传一条动态，动不动就点开微信看看有没有人回复自己，如果有人跟自己互动，哪怕是一个小小的赞，也会让你雀跃不已，如果无人问津，那你这一天都会心神不宁，如坐针毡。

你会陷入胡思乱想中，疯狂地揣测别人的想法，就像我朋友兰兰一样："大家为什么不给我点赞，是不是不喜欢我了？""这张照片真的很丑吗？"……

其实，大家没有不喜欢她，照片也并不丑，只是她把自己看得太重要了。

她以为自己是镁光灯下的大明星，嘴角的一颗小痘痘，眼角的一丝小细纹都难逃群众的火眼金睛，但实际上，每个人都在忙着过自己的生活，谁也没那个时间和精力来挑她的刺，说她的不是。

当一个人自视甚高，太把自己当回事儿时，往往活得特别辛苦，他就像一个提线木偶一样，被别人的眼光和评价操纵着，时刻都得踮着脚尖，在舞台上卖力地演出，只为博得众人的关注和喝彩，一秒钟都无法放松。

读书的时候，被老师叫起来回答问题，我最害怕的是回答不出来，傻愣愣地站着，低着头，眼睛不敢直视老师。

要是听到周围有窃笑声，那更是难受得要死，心里想着，好丢脸啊，我不要活了，同学们一定在看我的笑话。

那堂课几乎让我度秒如年，等到下课了，我以为别人还会盯着我不放，没想到别人根本没有把我放在心上，大家都在做自己喜欢做的事情，有的在吃零食，有的在聊天，有的在追逐打闹，还有的在写作业。

也就是在那一刻，我如释重负，突然明白了一个道理：别人眼中的你，并没有你想象中的那么重要。

蝴蝶在花丛中飞来飞去，也有疲惫的时候，总要择一朵花栖身，人也是一样，没有人能一直处于警戒状态，我们最终都要松弛下来。松弛是最舒适的姿势，越是把自己当成普通人，你越是能享受到它的快乐。

美国作家马克・鲍尔莱恩说过一句很经典的话："一个人成熟的标志之一就是：明白每天发生在自己身上的 90% 的事情对于别人而言根本毫无意义。"

工作没做好，感情不顺利，脸上长痘痘，身体又发胖，那都是你自己的事儿，别人根本不关心。即便某一刻你被别人评头论足，也不要紧，因为时间终会冲散一切，到时候，你身边空无一人，再多的内心戏也无人围观。

※ 学会拒绝是一生的重要课题

晓晓是一个设计师，平时工作很忙，经常午饭和晚饭一起吃。

最近，有个老同学找她帮忙设计一张海报，她腾不出时间去做，但又不好意思拒绝，就说有空再帮他弄。

结果，她忙着忙着就忘了，等老同学找上门来时，她才支支吾吾说还没弄好。

老同学很生气，你要是不想帮我，你就直说好吗？这不是耽误我事儿嘛！

晓晓很尴尬，不停地跟老同学说：对不起，对不起。

说实话，晓晓像极了以前的我。很多年前，我初入社会，碰上不愿意做的事儿，也跟晓晓一样不好意思拒绝，总想着用点儿缓兵之计，等到别人再找上来时，就“原形毕露”，最后弄得自己很是窘迫。

后来观察过许多人，我才发现，自己的做法简直就是可笑。我以为不直接拒绝别人，会让别人感觉好受一点儿，却不知道，任何一个提要求的人都做好了被拒绝的心理准备。甚至说，他可能比你更认可被拒绝这个选项。

“××，帮我写个演讲稿！”“××，帮我改个稿子！”“××……”回想往事，那时候的我明明想说“不”，脱口而出的却是“好”，然后就是无止境地拖延，一天拖成两天，两天拖成一个礼拜，拖到最后，一个字没写，一个字也没改。

别人当然不高兴，劈头盖脸就是对我一顿骂，其中有个人没有骂我，但他对我说的那句话，让我刻骨铭心，估计这辈子都忘不了。

他很严肃地对我说：“我找你帮忙，确实是因为你文笔好，但你要知道，你并不是我认识的唯一一个文笔好的人。”

这句话点醒了我，很多时候，别人找你帮忙，并不是非你不可，如果你不想做，或是做不了，直接拒绝非但不会伤害他，反而能避免他在你身上做无用功。

所以，从那以后，我再也不会傻傻地去做接盘侠了。一方面，我不想再因为自己的拖拉耽误别人的要紧事儿；另一方面，不会拒绝的背后，也有我长时间的纠结和痛苦，那种滋味，不会拒绝就要承受。

作家三毛说过：“不要害怕拒绝别人，因为当一个人开口提出要求的时候，他的心里根本预备好了两种答案，所以给他任何一个其中的答案，都是意料中的。”

是的，跟人打交道，经历得越多就越知道，长痛不如短痛，干脆地拒绝，不给别人希望，把选择权交还给他人才是最明智的做法。

比如，有人想让你做他女朋友，你拒绝了，选择权就还在他手中，他可以选择继续追求你，也可以去追别人，谁也不需要背负任何心理负担。

但是，如果你既不拒绝也不答应，以各种理由拖延，那这选择权就还在你手上，对方永远也不知道哪天才能死心。

这才是一种自私，更是一种伤害。

爱情之中我们都不是唯一的选项，更何况其他的事呢？每个人身边都有能帮上忙的朋友，我们又何必担心被拒绝的人会走投无路呢？

朋友菲菲酷爱摄影，她省吃俭用了好几个月，终于买了一台价格昂贵的相机，哪知，自己还没玩够呢，就被同事“惦记”上了。

同事国庆出去旅游，想借她的相机用用，她心里十分不情愿，毕竟刚买的宝贝，万一被磕坏了，她肯定会心疼得滴血。

犹豫了好一会儿，拒绝的话始终说不出口，无奈之下，她只好把相机借给同事了。

为了表现得更大方一点儿，她还对同事说，尽管拿去用，别跟她客气。

同事简单道谢后，就拿着她的相机乐呵呵地走了。

看着同事离去的背影，她心里五味杂陈，特别不是滋味儿。

国庆结束后，同事就把相机还给她了，她赶紧抱着相机，里里外外地检查了一遍，万幸，万幸，相机没有“缺胳膊断腿”，她长吁一口气，总算心安了。

原本她以为这事儿就这么过去了，可没想到，后面又陆陆续续有人找她借相机。那借还是不借呢？借，她不开心；不借，她又怕别人不开心。

有一天，她跟我吐槽：“你说我是不是太善良，太在乎别人的感受了，每次别人找我借相机，我总是不忍心拒绝。”

不忍心拒绝别人的人，确实都有着善良、体贴的心性，但有一点菲菲并没有意识到，那就是：她害怕拒绝别人，怕别人会对她有意见，说她小气，没人情味儿。

生活中，像我朋友菲菲这种不会拒绝的人，通常也难以承受别人的拒绝。

在他们的观念里，拒绝等于否定，拒绝的姿态很冷漠，如果被人拒绝，他们就会觉得自己是一个不被认可、不被关爱的可怜虫，玻璃心立马碎了一地。

你看，被拒绝的感受是如此痛苦，这也就导致他们无法轻松地跟人说“不”。

我们或许都见过身边的老好人脾气大爆发，那个性格温顺、来者不拒的老好人，因为别人一个要求而变得歇斯底里，谁都不知道为什么。因为没人知道，在爆发之前，他迫于维持关系，做了多少不想做的事，心里累积了多少委屈和怨气。

心理学家李雪说过："拒绝这件事情，不等于拒绝你这个人，不等于你的要求不合理，不等于我不在乎你，我拒绝仅仅因为我的感受告诉我，现在我不想这么做。拒绝的同时，我不会把自己关闭，我依然感受你的爱，理解你的需要，理解自己的需要，让我们的需要共同创造出爱的方式。"

是呀，拒绝不等于否定，拒绝的姿态也不冷漠，被拒绝更不用觉得丢脸。

与人交往，学会拒绝是我们一生的重要课题。

要知道，好的关系是不会因为你的一次拒绝就破裂的，人心也不会脆弱到因为你的一次拒绝就天崩地裂。当然，如果真的有人因为你的拒绝而冲你发火，那也不要担心，这种人不配出现在你的世界里，你的黑名单才是他最好的去处。

※ 成长的第一步是从受害者的角色中醒来

作家绿妖是一个看起来很沉静的女性。

在一次采访中，朋友柏邦妮问她小时候是不是也像现在这么安静。

绿妖说自己小时候的性格非常活泼，但由于父母的性格都非常暴躁，她的童年过得并不开心。长大后不管做什么事儿，和什么人打交道，她总感觉如履薄冰，无法对人生出全然的信任，在他人的眼里，她给人的感觉不仅素净，还十分静默。

据绿妖回忆，每逢春节，她的家里总会爆发大战争，有的人在狂叫，有的人在痛哭，还有的人在酗酒，更有人光脚踩在碎玻璃碴儿上，每个人都觉得别人对不起自己，每个人都觉得自己委屈，是最大的受害者。

而绿妖也不例外。

很长一段时间，她都躺在童年的阴影里，将自己性格中的缺陷以及生活工作上的不如意推给家人，她心想，这一切都是父母的错，是父母毁掉了自己的生活。

这种认知虽然让她免于责难自己，但却没有给她带来多少快乐和释然，同时也没有给她的生活和工作带来任何帮助。

直到有一天，她从心理学家那儿了解到，许多“受害者”都是勤于抱怨而疏于改变，因为成为“受害者”是最容易获得道德正确感的途径。

“受害者”通常都处于道德的制高点，也就是说，如果有人伤害了我，那他就要对我所遭受的一切痛苦负责。

明白了这一点后，绿妖逐渐从“受害者”的位置上走下来，重新换一个角度来审视自己的童年。

以前，她只知一味地怨恨父亲的粗暴，现在，她慢慢能够理解父亲。父亲同样出生在一个非常糟糕的原生家庭，在他小时候，挨父母的揍是家常便饭，所以对父亲而言，人生最大的痛苦并不是挨揍，而是吃不饱饭。

试问，一个在幼时从未被好好对待过的父亲，长大后在子女的教育问题上，又怎么可能知道还有更好的方式呢？

至此，绿妖看待父母的眼光不再那么杀气腾腾，相反，她对父母还多了一层发自内心的怜悯和怜爱。随着年岁的叠加，她也变得越来越柔和，在她的新书《沉默也会唱歌》中，喜爱她的读者惊喜地发现，绿妖心中的伤痕在慢慢痊愈。

曾在知乎上看过一句话："如果错都是别人的，我就可以不责备自己了吧。"

其实，这就是典型的受害者心理。

当然，我们这里所说的受害者心理，不是家庭暴力、性骚扰，或是巨大灾难给人造成伤害的受害者心理，而是指一种不为当事人所察觉的自我防御机制，即将发生在自己身上的一切不如意都归咎于别人。

当一个人沉浸在受害者的心态中时，内心一定有着诸多抱怨、委屈和愤怒，张嘴就是谁对不起他，谁辜负了他。刚开始，他确实能得到别人的同情、安慰和照顾，可时间一长，别人就会忍不住想远离他，因为每个人的时间和精力都是有限的，没有人能填满一个深不见底的坑洞。

燕姐是我母亲那边的一个亲戚，从母亲那儿，我了解了一些她的生活近况，知道她是一个传统意义上的"好女人"。

燕姐的老公在外地工作，月薪有一万块，她则在本地一家超市当文员，月薪只有两千多，工作之余，她还照顾着一双儿女。

有一次去她家吃饭，燕姐就开启抱怨模式，责怪老公对她不好，平时不给她生活费，儿女也不管，她的日子过得好辛苦。

我们在一旁给她出主意："你找他要钱啊！如果他不给钱，你就把孩子扔给他，让他去照顾。"

燕姐摇摇头说："我不像他那么心狠，这种事我做不出来，就算我把孩子扔给他，他也不会管的。"

“那跟他离婚吧！”我们抛出终极解决办法。

“我跟他提过了，他不肯离婚。”燕姐一脸无奈。

我又说：“肯不肯他说了不算，你直接上法院起诉离婚。”

“可我不知道怎么起诉。”

…………

听到这句话时，我彻底沉默了。

我知道，燕姐要的并不是离婚，她要的就是这种处于“受害者”角色中的道德优越感——是你对不起我，一切都是你的错，我好可怜，你好可恨。

被老公辜负纵然使她伤心难过，但同时也让她更加心安理得地做个不需要对自己的人生负责的小孩，她成功地逃避了这一重任，她在被辜负的伤痛中快乐着。

那次过后，燕姐在微信上又找了我很多次，每次都是抱怨她老公，细数老公对她的不好，还有孩子的不听话，所有人都伤害了她，唯独她纯善如白莲花。

很多深陷“受害者”情结的人，普遍都是心理不成熟的人，他们从来没有意识到，自己已经是个成年人了，既然是成年人，那时刻就有选择的权利，同时也要肩负起对自己的人生负责、让自己幸福快乐的重任。

也就是说，当你感觉别人伤害了你时，你是可以采取合适的手段和方法保护自己的，如果你放弃了这个权利，执意拿自己去献祭，那造成你不幸福的罪魁祸首不是别人，而是你自己。

对于生命，人人都有自主权，你可以决定今天穿什么衣服、明天吃什么饭菜，如果别人试图干涉你，控制你，只要你不配合，他也不能拿你怎么办。

最忌讳的就是，把自己的人生交给别人，接受别人的干涉、决定和控制，又反过来抱怨对方伤害了自己。

你要想清楚，如果没有你的允许，别人能伤害到你吗？

这就好比，有人要打你的脸，你难道不会还手吗？再不济，你还可以躲开不是吗？可你既不还手，又不躲开，还傻乎乎地迎上去给人打，这不是受虐狂吗？

不对，你连受虐狂都称不上，毕竟，受虐狂都是主动选择的，他们心甘情愿受虐，被打让他们痛快，而不会像你那样自怨自艾，责怪别人对自己施虐。

记住，责任可以甩锅给别人，可人生终究是你自己的，如果你过得不幸福，你最对不起的那个人还是你自己。

成长的第一步，是从受害者的角色中醒来，我们每个人都是自己生命的主人，以及自己人生的主导者，只要你愿意以成年人的思维和心态去经营自己的生活，你就可以找回力量和幸福，从此脱离“为什么受伤的总是我”的无边苦海。

※ 被压力按在地上摩擦，不如把压力击倒

想一想，我们没有人不爱上网，没有人不爱看电影，没有人不爱迪士尼，为什么面对这些就能感到欢愉？

因为它们只会让我们制造幸福，而不是压力。

“压力”是个听起来和幸福、欢愉对立的词，很多人都反感它，甚至想方设法逃避它。

可是在现实生活中，我们随时随地都存在压力。大大小小的考试、与父母的代沟、同学或同事之间的竞争，甚至包括体重、金钱拮据、亲戚间的攀比。

压力是指心理压力源和心理压力反应共同构成的一种认知和行为体验过程。通俗地讲，压力就是一个人觉得自己无法应对环境要求时产生的负性感受和消极信念。

很多人觉得有压力才会有动力，正如机遇与挑战并存，压力

也与动力共生，理由是“你不逼自己一下，怎么知道自己行不行呢，你逼自己一下，可能连自己都震惊”。比如贫困山区的孩子考上了大学。比如 10% 的面试通过率，做足准备全力以赴，笔试群面 1V1 面试都发挥得不错，最终成功收到 offer。比如消防员从火场中成功救出小孩。又比如运动员获得奥运金牌。那么这样看起来，这个说法也挺对的。

可是世界上没有任何一种事物只存在单方面的属性，也没有任何一种事物是越多就会越好，所以并不存在压力越大就越好的情况。莎士比亚曾经说过的“压力是一把双刃剑”，看起来更适用于大多数人。对于大多数普通人而言，千人千面，每个人的抗压底线不同，有的人抗压能力强，而有的人抗压能力弱，哪怕面对同样的压力，两个人可能也会有截然不同的心境、情绪和反应。而哪怕是同一个人，面对不同的压力也会有不同的情绪，有的压力就可以转换成动力，催人奋进，但面对另外的压力，可能使出浑身解数也无法攻克，则会造成心理负担，催人“自尽”。

想一想，每个人多多少少都有被不同的事逼得快要崩溃的时候吧。

所以对个人而言，我们需要在压力冒出苗头的时期，就应正视压力积极寻求解决，主动出手远远强于被动接受，这样可以避免发生多米诺骨牌似的连环效应，将压力扼杀于之初。倘若不能彻底解决，便应该想办法转移压力或者调整预期期待值，对自己减压，学会与压力共处。因为压力像弹簧，如果把弹簧绷得太紧、太久，超出最大承受范围，迟早会失去弹性，甚至断裂。

我有一个认识多年的朋友小花，她是个非常自我且要强的人，从小万事靠自己，所以生活中非常坚持“经济独立”这一观念，在她看来，优秀的人才可以匹配更优秀的伴侣，在自己足够优秀、事业足够稳定之前，她不想考虑结婚问题。

可是这样的她也曾经有过一段暂时没新工作又被催婚的时间，没有新工作的时候，她只能靠写网文获得稿费收入，这笔收入时多时少，非常不稳定，她也很有压力，但她更多的是逃避压力，比如她曾宅在家昏天黑地地打了一年游戏，每天也不交际，对万事万物都提不起太多热情，更从未考虑过如何解决自己的单身问题。

而承受不了异样眼光的父母基本上用尽伤害人的词语来形容她，目的只是逼她和某位亲戚介绍的歪瓜裂枣样的相亲男订婚，那些奚落的词像是锋利的刀不断地插进她的胸口，小花本来就因为没有工作收入而不断自我怀疑、自我否定，那段时间她恨不得从楼上跳下去，一了百了。

在我们看来，很极端吗？是！很悲观吗？是！很负面吗？是！很绝望吗？是！我们面对这些事，会处理得和小花一样一塌糊涂吗？不见得是。会和小花产生一模一样的痛苦情绪吗？不见得是。

可是对于生活得一塌糊涂的小花而言，这些已经在她能承受压力范围的临界线，她快要崩溃了。

死撑着最后一丝的倔强和残酷的现实都用力地拉扯着小花，她觉得无能为力，她认为束手无策，她的心理承受能力只有这么多，所以也真的认为天都“黑”了。

可万幸的是，小花终于敢正视压力，敢去解决压力，也就靠着自己熬过来了。

作为朋友，我当时善意地提醒小花，每个人压力的根本来源是来自自己的本心，因为并不是每个被逼婚、被失业的人都会和她一样用这样略微极端的情绪、逃避的态度与压力共处，可是自己是无法逃离自身的，所以她只能去解决它。

比如她被家里逼着订婚，其根本原因是她当时没有稳定工作，经济基础决定上层建筑，这个分析虽然很政治定义，但是也很客观现实。在没有稳定收入来源的前提下，她在家里的地位自然是最底层的，爸妈自然也是非常着急的。

而如果小花有了不错的收入做底气，相信爸妈有了这方面的面子，自然也可以抵消“家有大龄剩女”带来的丢面子的负面情绪，而随着收入的不同程度的增高，爸妈的着急程度也会随之逐渐降低。

如果不想委屈自己的爱情，那么就必须解决经济的困局。在这种压力面前，小花没办法再得过且过，也没办法再逃避，她反复告诉自己“我可以”，自己给自己打气。小花主动拼命写稿，每天给招聘网站发大量的求职意向，甚至跑到邻市应聘，而当有熟人发出沪漂的邀请后，她几乎没做思考，毅然决然地只身一人去到上海，只为了获得一份工作，最终在上海站稳了脚跟。

小花也很清楚，如果她没有沪漂，如果她还是待在老家，她迟早会成为那根被绷到最大极限的弹簧，她迟早会崩溃，那时，她之前的心里所想，或许会成真。

从这件事之后小花就明白当自己被生活推倒在地上摩擦时，不应该怪那一系列的连锁反应，也不该怪命运的不公，而最该审视的是自己本身。自己不该一味逃避压力，拖拉着不解决，因为人总是要吃苦，总是要承受一些压力，才能逼迫自己往上走，而往上走，哪怕不为别的，只是为了不再吃之前的那种苦，承受之前的那些压力。

在面对压力时，会觉得生活特别苦，自己特别悲催，可是当自己反复告诉自己“我可以”，当在压力面前选择触底反弹，当一切都解决了的时候，那些苦就奇妙地消失了，就会觉得原来其实也没什么，就会觉得一切都是值得的，“我可以”变成了真的可以。

小花从此痛改前非，再面对任何压力时都会先自查压力的源头，正视压力的正面积极作用，反复暗示自己“我可以”，寻求压力转化为动力的方法。

后来，小花学会了给自己减压，如果写稿的时候暂时没有灵感，她也不会压力陡升，硬性死磕到底，而是转头去做其他的事，暂时转移压力，等到灵感忽然降临再继续写稿。她学会了调整预期期待值，当初她始终找不到一份满意工作，最主要的原因就是她对工作的期望值和当地的就业环境所不符，但是她没有根据现实情况做出调整，而是觉得掉身价，所以死撑着。可是现在她不仅把对自我不现实的要求部分降低，除了自我疏解，也学会了倾诉压力，开始愿意和朋友主动表达，这也是解决压力方式的途径之一。

现在的小花正和朋友介绍的一个杭州本地 IT 男谈恋爱，虽然不在一个城市，对方也比自己优秀许多，但是现在的小花觉得这些根本不算什么压力，她总会解决掉这些问题。

※ 放下拯救欲，你无须为别人的情绪和感受负责

最近，我的好友平哥有点失眠，他说睡眠时间一天天推后，以前十二点能睡着，后面推到凌晨两三点，现在呢，天都亮了，他才勉强有点睡意。

我问他怎么了。

他苦笑着说，还不是因为家里那点儿破事儿。

平哥的经历有点特殊，很小的时候，他的父母就因病过世了，是爷爷奶奶把他和两个弟弟拉扯大的。

三兄弟中，就平哥会读书，所以，二老平时省吃俭用，送平哥上了大学。

平哥也争气，在学校读书，成绩一直很不错，几乎年年都拿奖学金，再加上他课余时间又做了点勤工俭学，自己的生活费也就有了着落，不再需要爷爷奶奶替他着急，费心。

读大学的时候，爷爷奶奶就经常跟他说，平儿啊，家里就你一个人上了大学，你以后参加工作了，可要帮帮你两个弟弟呀。

平哥一直把爷爷奶奶当作父母，他们的话，他始终牢牢记在心上。大学毕业后，平哥签了一家国企单位，工资待遇各方面都不错。公司食宿全包，每个月的薪水一到，平哥留下三分之一，其余的全部寄回老家。

这么多年下来，平哥总共给家里寄了三十万块钱。这些钱，爷爷奶奶都一直存在银行里，等到两个小孙子娶媳妇，他们才取出来用掉了。

我曾问平哥，你把钱都寄给家里了，那你以后成家怎么办？你爷爷奶奶都不替你考虑吗？

平哥的回答也很无奈，你不知道，我们村子里的人都觉得上了大学很了不起，学历高，应该挣大钱，至于女朋友，他们会说，读了书还怕娶不到老婆吗？

看来，平哥家里人是把所有的压力都扔给他了。

平哥才三十出头的年纪，由于常年为家里操心，两鬓竟出现了不少白头发，整个人精神不振，愁眉苦脸，特别显老。

这次他又接到了爷爷奶奶的电话，二老在电话里长吁短叹，说他两个弟弟不争气，娶了媳妇后，天天在家吵架，两个媳妇都嫌他俩没本事，不会赚钱，闹着要离婚。

可是平哥又能做些什么呢？看看银行卡，里头只剩两三万块钱了，难道也要寄给家里吗？

当然不能。当平哥寻求我的建议时，我给出了这样的答案。

我对平哥说，这些年，你为你家人所做的，已经超出太多了。你现在天天失眠，就是因为你总是想着替你家人负责，你把他们的情绪和感受全背在身上，你没办法为自己而活，一次，两次，三次，或许你还能挺过去，但后面你会崩溃的。

我不是吓唬平哥。

在心理学上，平哥这种做法，是典型的缺乏界限的表现。

在社会关系中，缺乏界限的人，总是把自己当成救世主，就像心理咨询师丛非从说的那样："他们总想安抚别人的情绪，为别人的情绪负责。想拯救别人的难过，消除别人的愤怒。这些想不开的人，就会把自己弄得特别累。"

何止是特别累，一个总想去拯救别人，替别人扛起生命重担的人，势必会丢掉自己生命的担子，到最后，他既拯救不了别人，还会彻底把自己的人生搭进去。

人人都只能为自己而活，人人也只需为自己而活。

很多人觉得，为自己而活太自私，因为我们从小受到的教育都是"你要为别人着想""你要懂得体谅别人的感受""你要学会付出和奉献"……

这些话听着都没错，可一旦它成为一种品德要求和道德标准，强行地灌进孩子的头脑里，那必然会在孩子的心里制造出一种分裂。

这就导致很多人都得了一种病——见不得别人受苦，看不得别人不开心。

这种病的具体症状就是：他们总觉得自己要为别人的情绪和感受负起责任，如果不去拯救别人，他们就会被一种莫名的愧疚感和罪恶感团团包围住。

为了避免这种感觉围殴自己，他们就开始扮演救世主，积极地为拯救别人而行动。可他们毕竟是普通人啊，当一个人不能为自己而活时，往往会感觉非常压抑，脚步也会变得虚浮无力，心里更会因为过度付出和奉献而积累怨恨。

平哥不就是这样吗？他曾多次跟我说，他不想回家过年，也不想念爷爷奶奶和两个弟弟，每次看到他们，他的心里没有丝毫喜悦，只有无尽的沉重。

他还一度自责，觉得自己有这种想法和感受不应该，对家人太冷血了。

但我知道，这并不是冷血，而是生命自发的保护机制，提醒平哥要为自己而活，不要再过分透支自己。因为一个人只有先过好自己的生活，才有余力帮助别人。

作家金尚在《永远成长的苹果树》中写道："每一棵树都是先利己的。它由根部吸收水分，供给枝叶花果养分，然后开花，芬芳所有经过的人；结满果子时，分享给所经过的路人。在你没有充分给予自己之前，你无可给予他人。你未足够关照自己的感受之前，也无法关照他人的感受。你没有爱好自己之前，也无法真正去爱他人。"

可见，为自己而活根本不是一种自私，而是一种大善良，一种大智慧。

索取和奉献就好比一枚硬币的两面，无可分割，所以，我们不能说索取是坏的，奉献是好的，这样做只会制造人内心的分裂。

当你划清界限，专心过好自己的生活，不为别人的情绪和感受所烦忧时，别人也会慢慢接收到你这种充满力量的态度。以前，他或许还想赖在你身上，企图让你替他负责，但现在，他也必须从孩子的心态中走出来，学会自我负责。

听过一个故事。

某天，丈夫在辛苦工作了一天之后回到家，身体有点累，心情也有点烦闷，便没事找事朝妻子发火，他本以为妻子会过来安慰自己，没想到妻子的反应却很平静。

她对丈夫说："好吧，我看你今天好像很累，你先歇会儿，一个小时后我再回来。我给你在冰箱里放了一瓶啤酒，等你淋浴之后它很凉了。一会儿见。"

说完，妻子就拿钥匙出门了。

妻子的意思很明显：你死了这条心吧，我不会当你的出气筒。

丈夫不是傻瓜，他当然明白妻子的意思，奇妙的是，他非但没有怪妻子，反而对妻子充满无限敬意。

洗完澡后，他痛快地喝完了冰啤酒。

这时候，妻子回来了，看到丈夫坐在沙发上一脸惬意的样子，她笑了。

最后，两个人紧紧地拥抱在一起，感情似乎又比往日更深了一层。

你瞧，如果你能守住界限，不去承接别人的情绪和感受，那别人自然不会把希望放在你身上，他会回归己心，好好处理自己的情绪和感受。

这就是人性的奥秘之一。

所以，亲爱的，收拢心思，好好经营自己的生活吧！把别人的情绪和感受还给别人，这不是自私自利，也不是冷漠无情，而是尊重别人成长的权利。

※ 你对自己的认识有多深，你对人生的驾驭能力就有多强

很久之前看过一则社会新闻。

一个在外打工的少妇，将自己年仅六岁的女儿虐待致死，事后还把女儿的尸体焚烧了。新闻爆出后，引起舆论震惊，很多人都表示不敢相信，有网友评论说，她真的是孩子的亲妈吗？怎么比灰姑娘的后母还要可怕？

然而，当舆论都在指责和讨伐这位凶残的母亲时，人们又看到了她在生活中的另一面：孝顺公婆，体贴丈夫，疼爱儿子。

这是同一个人吗？这反差也太大了吧！人们再次惊掉下巴。

但我却觉得一点也不奇怪，因为人性向来是复杂的，有些人表面看起来温良贤淑，人畜无害，但不一定就是一个老实人。

就像新闻中的这位母亲，通常都有一个不怎么幸福的童年，

真实的自我受到压抑后，就会变得极度闭塞和懦弱。平时忍气吞声的次数多了，内心早就郁结了一股怨气，不发泄出来是不会痛快的，所以她才会朝年幼的女儿下毒手。

我想，这位母亲大概也不清楚自己内心隐藏的这一面，如果她对自己的认识更深刻一点，或许会想办法通过正当合理的渠道排遣心中的积郁，那这样的悲剧和惨剧应该就不会发生了。

心理学家荣格说过："你没有觉察到的事情，就会变成你的'命运'。"是的，潜意识才是决定一个人一生的幕后老板。

以往我们总是在强调要了解别人，可到头来却发现，在了解别人之前，我们更应该了解自己，对自己知根知底、一览无遗。

生活中，那些不够了解自己的人，常常会做出很多错误的选择，就像驾驶一辆脱轨的列车，不自觉地朝着悬崖边滑去。

我有个朋友性格很温和，她说自己在人际交往中，常常是被欺负的一方，就连出去买个菜，小贩都会故意给她缺斤短两。

她常在我面前感叹："这个世界太险恶，而我又太善良。"

有没有发现，在她的认知里，一个人善良好像就注定倒霉，就活该不幸，如果善良是这样的含义，试问这个世界还有多少人会坚持做一个善良的人？

我把这些话如实告诉了她，并对她说："不是你太善良，你才被人欺负，才被人辜负，而是你没有统合好自己的内心，把黑暗的一面全投射给外界了。"

当一个人自以为纯善如白莲花时，势必会将恶投射到别人身上，那他所遇到的人都会是来欺负他、伤害他、辜负他的，如果别人不欺负他、不伤害他、不辜负他，一门心思只对他好，他反倒会觉得不舒服，因为这不符合他对自己的认知。

朋友听了我的话很震惊，她从未以这样的视角看过自己，突然觉得自己之于自己是一个陌生人。她的感觉没错，很多时候，我们确实是自己的另一个陌生人。

更准确地说，每个人身上都有隐藏的一面，这一面因为不被当事人觉察和意识到，就理所当然成了幕后的操纵者，直接决定我们的人生走向。

但一切还来得及，当你看见和洞悉自己的潜意识，把它从阴暗的角落里拖出来，放到明朗的阳光下晒一晒，生命的转变就已经开始发生。

朋友也是如此，从那之后，她的生活发生了很多变化，她不再是以前那个处处被欺负的受气包，遇到不公正的事情，她敢于为自己发声，捍卫自己的权益。

有趣的是，当她这么做时，围绕在她身边的竟都是一些尊重她，爱护她的人。

她跟我分享了发生在她身上的两件事。

第一件事，有一年元旦，朋友的妈妈花了三百九十九块钱买了一个电压力锅，买回家放了几天后才开始用，结果发现煮饭煮不熟，于是，朋友陪妈妈去跟商家交涉。

朋友刚开始的态度特别好，她跟营业员反馈问题，说希望换一个新的电压力锅。营业员却告诉她，要先试一下之前的那个锅，看是不是真的有问题。

朋友同意了。

营业员便弄了些水和米在锅里煮，煮的过程中，营业员说是那个蒸汽阀的问题，上气了把那个小阀门拨一下就好了，然后又推托说什么什么原因不能退换。

朋友一下子来火了，态度强硬地说："这个锅才买来不超过七天，放了几天才用，发现煮饭煮不熟，你们说是这个蒸气阀的原因，难道每次煮饭我都要去用手拨一下阀门？那我受伤了怎么办？再说，我买的是新锅，又不是二手的，有质量问题为什么不能退换？本来我还只想换一个新的，现在我不相信你们这里的东西了，我要退款！如果你不能处理，就叫你们经理过来，如果你们经理也不能处理，那我就去工商局投诉你们。"

结果你猜怎么着？这家店的经理过来了，不仅向我朋友道歉，还把钱退了。

第二件事就是，有次朋友出去吃饭，她想吃虾，点了一份虾，六十八元大概不到十只，一吃，里面的肉都变成粉的了，感觉像放了很久的烂虾。

朋友很生气，就把大堂经理叫过来了，说这个虾很不新鲜。本来，朋友也没打算要他们怎么样，就是想告诉他们，以后要注意一下食材。

因为这个虾最后上，而朋友当时已经吃饱了，所以没打算追究他们的责任。可大堂经理非但不认错，还开始跟我朋友狡辩，说这个虾就是这样的，是冻虾，六十八元的价格在那里，虾肯定不会是新鲜的。

朋友听了很不舒服，她大声质疑道："我在超市里买的冻虾不是这样的呀！再说了，顾客的体验不重要吗？这样的烂虾有人敢吃吗？饭店的食材不应该干净卫生吗？"

在她的"连环炮轰"下，那个大堂经理立马转变态度，说给她换一个同等价位的菜。朋友也欣然接受了，直接把菜打包带回家，留着明天当午餐。

看看，这就是认识自己和了解自己带来的好处。

你对自己的认识有多深，你对人生的驾驭能力就有多强，从始至终，你都坐在人生这列车的驾驶座位上，牢牢掌控着手里的方向盘。而正是这样成熟、笃定以及充满力量的你，才会成为真正的人生赢家，才能享有最深的快乐和幸福。

02

第二章

好好爱自己，
你才是陪自己最久的那个人

“没有人是天生完美的”，这是我们需要告诉自己的话。纠结于自己的缺点无益于其改正。我们还不如正视自己的缺点。上帝说，缺陷是一种礼物。而拥抱真实，能够让我们拥有前所未有的踏实。从接纳自己开始，我们就已经逐渐成为自己。

※ 告慰自己——我没有那么坚强

在网上认识了一个人，有一段时间，他非常喜欢阅读善良懦弱天真气质的网络小说。他朋友总是打击他，告诉他网络小说是如何如何通过流水线的写作模式被炮制出来的。他听毕，总是笑笑，既不反驳也不听从，该看的时候还是得看。

那几个月里，几百万字的长篇小说，他就这样从头到尾跟下来，每天花时间读几章，一直到这部小说完结。

后来某一次，因为一个特殊的机会，我到他家里去了一趟，我发现他家简直就像个图书馆一样，文学、哲学著作应有尽有，其中不乏一些佶屈聱牙的读物，他写了很多读书笔记，逻辑清晰，思维缜密，见解深刻。

我很疑惑，我问他既然审美已经到这么高的层面，为什么还需要善良懦弱天真的网络小说来做自己的精神食粮。

他笑了笑说，因为那段时间刚好失恋，心情非常低落，而看网络小说不需要思考，不需要触及内心深处的某些东西，而他选择的那本小说的写作者非常勤奋，从来没有断更过，所以每天打开这本书，就有一种被陪伴的感觉。

就这样三个月撑下来，他感觉自己重新获得了生活的勇气，就恢复到以前的正常模式当中去。

他说，人生有时候是需要放空的，如果在痛苦的时候还逼着自己正常，那效果只能适得其反。面对现实尽力而为，累了就不要硬撑，病了就需要休息，这本来是非常自然而然的事情，可是现在的人总是高估或者低估自己的真实能力，逼着自己去成功，表面上是治愈，其实长期下去会出现更大的问题。

他的话让我想起了一句提了很久的网络用语：持续性踌躇满志，间歇性混吃等死。我把这句话告诉他，他笑着说，对，很对，就是这样的。因为我们的意志力是有限的，使用过度带来的就是全线的崩溃。

很多贩卖焦虑的书，都把人描述成一台机器，似乎不需要休息，不需要充电，不需要有崩溃的时候。其实，崩溃和奋进都是人生的一部分，如果人能适当崩溃，其实很合理。

我看的虽然是网络小说，但是因为我在阅读的时候，需求不是优质内容，而是心理安慰。这个阅读的过程，成为我每天安慰自己的仪式，是这篇小说，在我孤单的时候陪伴了我。

他的解答让我想起了另一个人，他在金融体系工作，因为太过劳累，身体疲惫，所以他向公司请了长假休息。虽然可以休息，但是他心里仍然惦记着股票的变化、公司的业绩，还有单位没有完成的一堆报表。

说是休息，但是他仍然在不停地接打电话，连吃晚饭的时间也不放过。他的假期内容实在是太过烦琐，以至于他休息完了感觉比上班还累，玩也玩得不彻底，工作进展上也没有多少实质性的意义。

一个师妹曾经告诉我，工作需要有工作的规矩，所以我们每天都要按时上班，要在特定的环境里，要定期开会总结，换上有职业感的衣服，等等，但很多人并不知道，休息和放空，也是需要特定的规矩的。

比如说，像上面那个网友那样，找一个网络小说或是电视剧，沉浸其中，不需要逻辑，不需要思考，甚至不需要过度的言语，沉浸在那种被感动的情绪里，让柔软宁静的心绪得到片刻的休憩。

比如说，找一个细雨纷飞的日子，打开电灯，让柔和的灯光带着温暖的气息弥漫整个房间。静静地凝视那纷飞飘落的淫雨，倾听风雨吹打窗棂的拍击声，然后，闭上双眼，任凭风雨肆意抚弄你的脸颊，这时，你会发现所有的一切仿佛都已不复存在，只有精神的宁静与喜悦慢慢滋长……

比如说，像很多人那样，关掉手机一天，专心享受一次只有自己的时间，去踏青，去看花，去逛公园，去游乐园，去电影院，定期去过一个只有自己知道的节日。

比如说，翻出一直寂寞地躺在旧物箱中的那把古老的吉他，轻轻拨弄琴弦唱起歌，你会发现，它里面原来还蕴藏着火一样的激情，纵使你五音不全，但你完全可以孤芳自赏、自我陶醉。

这些内容，都不需要符合“高大上”的原理，而是在于我们做的这件事，可以变成我们在特殊时期的心灵慰藉。

不论用哪种方式给自己的心情放假，找到自己心灵慰藉的方式，其实时间都不用太久，放假的方式不必复杂，只有那段时间是我们自己私有的。没有忙碌，只有悠然；没有欲望，只有简单的本性。

一个朋友在签名里写道：“每天吃过晚饭，收拾完家务是我给自己心情放假的时间。在这段时间里，我打开电脑，听着悠扬的音乐，看看新闻，写写日记。不去想明天的工作，不去操心这个世界上的其他事，也不去计算今天的支出是否超出……所有的事情在这一刻都与我无关，我抛弃所有的忙碌，仿佛世界只有我一个人，只是在这儿安静地、舒服地做自己喜欢做的事。”

是的，对待生活，没有人能一直处在高潮和紧绷的状态之中。

我们需要告慰自己的心灵，遇见更快乐的自己。

其实，拥有快乐并不需要太多时间或是物质。我们只需要一点“不坚强”“不上进”的时间，来给我们的心灵和大脑放松，在我们需要坚强，需要上进的时候，我们的意志才能饱满，状态才会自如。

※ 你有多爱自己，别人就会多爱你

一次节日聚会的时候，朋友讲了一个“好姑娘没人爱”和一个“好姑娘要爱自己”的故事。

小敏和小游相恋已经 4 年多，虽然大家总不看好他们，却一路风雨相随，终于成为平顺的情人。

不巧的是，小游在公司里训练新进员工，遇见一个学妹，巧笑倩兮，热情活泼，“学长、学长”娇媚可人地唤着，竟把小游的心给唤活了。

他忍不住雀跃，借着见习之名，带着学妹出差，寻觅美景与美食。

小敏得知此事之后，终日以泪洗面，始终无法面对。在她发动了所有的亲友去给小游施压之后，小游也觉得分外委屈，他说：“不是我不想爱她，而是小敏她实在太难爱。”

他说，休闲的时候，同事喊家人去唱歌，小敏说不去，节假日喊小敏去郊游，小敏说工作太累，没兴趣。周末喊小敏一起去打羽毛球，小敏说一堆家务没做，还有什么心情去打球，可是回家的时候，发现小敏也没有做家务，一直宅在沙发里看电视。

他告诉七大姑八大姨，对他而言，小敏做不做家务并不重要，而是他觉得小敏生活已经没有一点活力。每一天都是一种可有可无的状态，似乎一眼能看到今后所有的状态。

更重要的是，小敏拼命地想给家里省钱，不管他们要做什么，小敏的第一反应就是害怕浪费钱。

他想请小敏吃个饭，小敏说，昨天的菜还没吃完呢，出去太浪费，不如省点钱吧；他想请小敏出去旅游，小敏说，你知道旅游的钱能干多少事吗？都老夫老妻，还浪费这个钱干吗？他想给小敏买花，结果买回来就被小敏破口大骂。

这样的事情多了，他也不愿意再和小敏有什么互动，因为反正每次的互动最终都会是同样的结果。

他说，虽然小敏这样的媳妇很好，她是一个非常实在的好姑娘。可是她现在几乎到了只为了活着而活着的状态。他努力挣钱不是为了这样的目的，他希望生活能有生活的乐趣。

在这种缺乏情趣的日子里，今天和昨天没有任何区别，甚至感觉不到时间的流逝。他说，小敏是一个只有最低配置生活的人，而快乐才是他所渴望的生活标配，像现在这样，一个自己都没办法爱自己的人，又怎么能指望别人爱她呢？

这是一个标准的“好姑娘没人爱”的故事。

另一个是关于“好姑娘要爱自己”的故事。

朋友说的是一个善于打扮自己的妈妈小莲的生活。小莲结婚了之后还像小姑娘一样无忧无虑，四处旅游，对世界似乎充满了好奇。

他把朋友圈点开给我们看，里面有小莲最近刚发布的几张自己在西湖烟雨中的照片。照片上的她看起来肌肤细腻，表情温柔，脸上看不到一点这个年龄被生活压垮的戾气。

她在照片旁边配了一首诗，写的是自己目前的人生状态。下面很多同性朋友纷纷应和，看得出来，那些留言都是发自真心的赞美。

朋友告诉我们，她在工作上，也是单位里的佼佼者，不管什么时候，她的办公桌上，都插着鲜花，收拾得整整齐齐。

“和小姑娘一样，好像不会老似的！”朋友给了她一句评价。什么时候都是笑眯眯的，一点怨气也没有。她和小敏家条件差不多，她为什么把日子过得这么精致，真是一个懂得爱自己的好女人啊。

我问朋友，小莲的生活是否比小敏幸福，他说，那当然，家里老公和公婆简直把她宠成标准版的公主了。

是呀，这两个人虽然都很普通，在条件差不多的情况下，把日子过成诗的程度，取决于她们心灵浪漫的程度。从表面看，他们的婚姻状态、人生经历都没有什么大问题，可是现在却出现两种截然不同的结果。

人生原本就是一场自己的仪式。我们用什么样的姿态生活，认真还是散漫，也决定了身边的人的状态。一个爱自己，舍得打造自己的人，她心中必然会少很多怨气。选择生活的仪式，就能成就优雅的生活方式。

我想，这个世界的确是有百分之九十九点九的机会，能让一个人变成一个俗人。我们很多人，和小敏一样，对生活充满了焦虑，于是我们的人生只剩下一种姿态，就是拼命压缩自己，换取未可知的安全。

的确，生活中实在有太多太多的事发生时毫无预兆，结束时无迹可寻，就像一条没有源头没有去向的河流。摊开来看，人烧成了灰，成分就跟磷灰石差不多，并没有什么值得敬畏的，为什么我们要把它当回事？甚至有人说，人就是由一堆分子组成。

而追求自我灵魂完整的人，我们或许可以不知道未来的路应该怎样开始，怎样结束，但我们可以通过调整自己的生活姿态，给生活注入更多的阳光和幸福。

一个人想成为更好的自己就必须学会爱自己，不能把人生跟凑合放在一起。一个人不爱自己，那么必定也对生活充满怨气，在这样的精神状态下，又怎能幸福，怎会活出更好的自己呢？

其实，小敏看似节约的状态，才是对生活真正的浪费；而小莲爱自己的姿态，才是对情绪真正的节省。

※ 爱情之中，最不能辜负的人是自己

“因为她比我年轻？”唯唯泣不成声，“你知道，我也曾经年轻过？”

“不，这和年龄没关系，只是感觉对了。”

“那我们六年的感情算什么！难道六年还比不上你们几十天的相处？”

“可……这几十天的快乐，却比六年加起来还多！”

听到男朋友如此残酷的答案，唯唯几乎崩溃了。

唯唯曾是我们眼中别人家的女孩。成绩好，一路重点，保送。名校毕业，留美博士，目前在一家国际教育机构工作。肤白貌美，妥妥的白富美一枚。最重要的是，她有一个谈了六年，还对她百分百好的男朋友。

可是这样优秀的她，依然逃不过六年之期？

她说，我就是不明白，明明我们还有感情，可为什么还是分开了。

安静的茶室里，她轻轻转着茶杯，回忆着他们之间的点点滴滴。

他们结识于一次高校篮球赛。当时，赛事激烈而胶着。唯唯是啦啦队长。眼看就要输球，却在最后一分钟，一个清俊的男生甩出一个帅气的三分球力挽狂澜。一瞬间，她怦然心动，并让他在她最好的年华里待了六年。

后来，唯唯才知道，那是他发挥最好的一次，因为他知道当时唯唯在台上。

“你说缘分是不是很奇妙？恰好在我心动的时候，他也恰好喜欢我。”唯唯苦笑着，“可是，他为什么不继续喜欢下去呢？”

“人类原始的爱都源自彼此吸引，同样也结束于某一方失去吸引！”

你瞧，爱情就是这样任性！既没有逻辑，也毫不讲道理。也许只是在某一瞬间，你就突然心动，暗暗喜欢了一个人。喜欢他的眉，喜欢他的眼，或许只是喜欢他侧颜在阳光下微微一笑。可是，生活毕竟不是言情剧，每天哪有那么多的新鲜事，时时刻刻撩拨你的心弦。

当你习惯了一个人的存在，习惯了他每天固定的挤牙膏模式，习惯了他同一件衬衫，日复一日地出现。他在你的生活中，已经从轻奢品，变成了日用品。你会慢慢发现，哦！他原来如此普通，普通到让你再也提不起丝毫兴趣。

埋葬爱情的从来不是第三者，而是时间。在漫漫的时光里，当最初那轮悬在你心口上，神一般存在的白月光，渐渐变成嘴角的白饭粒。消磨的不仅是你对他的新鲜度，还有那个最初让你怦然心动的原动力。所以即便不是她，也会是别人，分开也是迟早的事。不是在这个路口，就是在下个转弯处。

“你说得很有道理！”她沉吟了一下，“说什么感觉对了的鬼话，明明就是他喜新厌旧，对我失去了兴趣！”

接着，唯唯又说：“可所有的恋情都是这样！没有一对恋人是一直处于热恋期。生活本来如此，哪有人永远保持青春活力？”

和大多数失恋的人一样，当感情发展到这一步，除了不甘心，还有唯唯对爱情的最后一丝幻想。幻想从别人那里获取良方，能够让他回心转意的灵丹妙药。

停，停，停！千万别有这种傻念头！爱情又不是买卖，可以讨价还价。因为你嫌贵，我就要一再降价。最后，还得麻烦您低下您那颗高贵的头颅，来将就一下这样的我。委曲求全的爱就像你扔掉的童年旧衣服，即使再华美，却也穿不上了，你要来何用？

朋友蓁是一名针灸师，既不出色，也不美丽。是那种无论你用男人，还是女人的眼光看，都是那种安静，不会在人群中出类拔萃的一类人。

她的老公是个事业有成的商人，两人青梅竹马。有段时间，我为了赶车抄近路，总能碰见他们晨起散步的身影。不论何时碰面，她老公总是小心地握着她的手。说话时，他会习惯倾着身子迁就她。有时候单是默默地行走，那种恋人之间的默契亲密，任谁路过都会不忍心打扰，即使无意中咳嗽都会觉得是种罪过。

由于在一起工作，我常常见她老公工作时的形象，雷厉风行，果敢暴躁，常常骂得下属躲着他走。可谁也没想到，他在家中会是这样一副模样。

后来，我半开玩笑问她，认识了那么多年，你们为何还像恋人一般，把生活过成了诗。

“其实，一开始，他并不是这样。”秦微微一笑，极具感染的笑，让她格外迷人。

公司刚开始的时候，赶上经济不景气。那时，他脾气更坏。常在家里雷霆大怒，吓得六岁的孩子差点自闭，进行了好长时间的心理辅导才康复。为此，她自己也患上了轻度抑郁症，一度失去活下去的勇气。

等公司步入正轨后，她老公却又出现了状况。先是晚归，接着是夜不归宿。借口永远是加班、应酬。回家后，就是各种嫌弃。嫌弃她乏味、无趣，只会跟他谈孩子，谈吃喝拉撒，谈电视剧，甚至连酒柜里放的红酒品牌都不知道。更别说那些高雅的油画、音乐会之类。偶尔交流，就像下属汇报工作。甚至，连公司的年会也是秘书代理。

“那后来呢？后来怎么转变成现在这样了？”唯唯有些迫不

及待。

我告诉她，丈夫的改变缘于蓁的改变。

蓁在无聊的生活中拾起了以前的梦想，拿起了手中的笔，参加了摄影班。闲暇时，她常带孩子一路游山玩水，美文配美图。在她的文字里，文美，景美，人更美。字里行间流动的那份空灵和洒脱，让她很快成了微博上的时尚达人，越来越有气质。渐渐地，很多人专门邀她直播如何时尚装扮，邀请她参加各种摄影沙龙。

后来，当一组她和女儿旅行的亲子照爆红后。她老公才忽然惊觉，原来他的妻子是如此耀眼。不仅才气逼人，还气质出尘。懂生活，懂时尚，还能把日子过成诗。而他，却把鱼目当珍珠。于是，他跟蓁进行了开诚布公的长谈，彻底告别了之前的荒唐生活，成了网友眼中最幸福的老公。

“叫醒爱情的不是作，而是活力。不是你爱得越用力，就会越幸福。她需要时时关注，但不需要牢牢攥紧。适当给她动力，但不需要全程开足马力。不然，只会两败俱伤！”我把蓁这段话送给唯唯。

这回，她彻底幡然醒悟陷入了沉思。

一段失败的爱情，不是你不够好，而是你只顾拼尽全力去爱，却忘了自己。最好的爱情是，照顾好自己，照顾好家。

※ 亲爱的，你不必讨全世界的欢心

而命运的神奇就在于，当她放弃之前那个“故作谦卑、故作讨好”的人设时，她吸引来的都是她真正欣赏的人，同时这些人也很欣赏她骄傲的样子。

总之，讨好别人是一条不归路，讨好一个人或许并不难，难的是讨全世界的欢心。我们都听过一个成语叫“众口难调”，生活中，你喜欢的，别人未必喜欢，因为爱好不同；你感受到的，别人未必会有同感，因为经历不同；你看到的，别人未必看得明白，因为领悟不同；你认为做得对的，别人却认为是错的，因为立场不同。

当一个人想要讨所有人欢心时，他就必须像孙悟空一样学会七十二变，否则，今天他讨好了这个人，明天他就有可能得罪了那个人。

美剧《生活大爆炸》中有这么一个情节：

佩妮和伯纳黛特因为工作的事儿起了纷争，她俩都向彼此共同的闺密艾米抱怨对方，佩妮说伯纳黛特对自己的工作插手太多，而伯纳黛特则说佩妮一点也不领自己的情。

艾米插在中间，为了两边都不得罪，于是，当佩妮说伯纳黛特的不是时，她会跟着佩妮一起抱怨；而当伯纳黛特说佩妮的不对时，她又会跟着伯纳黛特一起发牢骚。

刚开始，艾米非常享受这种感觉，因为她觉得自己是三人中间唯一一个不被其他两人讨厌的人。可时间一长，她在应对两边的过程中，难免有些力不从心，为此闹出不少笑话。

最后，当佩妮和伯纳黛特和好时，她终于松了一口气，这下，她再也不用一人分饰两角，忙得不可开交了。

看看，一个人想要讨好两个人都那么艰难，你又如何能讨全世界的欢心呢？

所以，回归真实的自己，停止讨好别人吧！

作家席慕蓉说过这么一段话："在一回首间，才忽然发现，原来，我一生的种种努力，不过只为了要使周遭的人都对我满意而已。为了要博得他人的称许与微笑，我战战兢兢地将自己套入所有的模式，所有的桎梏。走到中途，才忽然发现，我只剩下一副模糊的面目，和一条不能回头的路。"

讨好别人，强行跟别人保持一致，并不能换来别人对你的喜爱和认可，相反，当你如此轻视自己的价值，将自己放低到尘埃里，总是迎合别人的期待和需求时，别人也会照葫芦画瓢，拿你对待你自己的态度来对待你。

我有一个发小，身边人都叫她小胖。小胖性格绵软，有些胆小，为了不跟人起冲突，她总是不由自主地讨好身边的人。

一开始，这种性格确实得到了很多人的喜欢，可这种喜欢是居高临下的，她感觉不到任何的尊重，而且它的存续是建立在小胖无止境的退让之上的。

没有人能一直隐忍退让，小胖也不例外，有一次体检她被查出有乳腺疾病，医生很严肃地告诉她，平时要保持心情愉快，不能太压抑自己。

是呀，情绪上的能量堵塞，总会通过身体杀出一条血路，所以，从某种程度上来说，疾病不是灾难，反倒是一种善意的提醒。

小胖的乳腺疾病就是在提醒她：主人，你委屈了自己的心，你的心很不快乐。

这场病来得及时，小胖幡然醒悟，从那一天开始，她收回了对别人的讨好，她开始善待自己，尊重自己，跟人打交道，她也提高了自己的门槛。

凡是不尊重她的人，她要么用言语怼回去，要么彻底无视对方。对于她的转变，身边人都很惊讶，可有趣的是，他们竟然没有责怪她，反倒对她越来越好了。

这是人性的秘密，当你稳坐在自己生命的中心，像一朵花、一棵树一样不卑不亢、落落大方、兀自绽放自己的美丽时，全世界都迫不及待地想要讨你的欢心。

※ 下次难过的时候，想哭就哭吧

我有一个小师妹，虽然毕业有一段时间，但是个性仍无比天真单纯，情绪丰沛到有时候看个煽情广告都可以哭。后来，她喜欢上公司的一位在工作上时不时给予帮助的年轻“前辈”，并且脸皮薄得要死的她，在“前辈”离职的当天，鼓足勇气第一次向别人告白，结果自然非常悲剧。

小师妹脸皮薄，薄到告白失败后，立刻选择了辞职，她认为已经没脸在这个公司继续待下去。在离职前的那段时间她几乎每天都哭，曾躲在公司的卫生间里哭，让无意撞见的大领导误以为她在工作上受到了委屈，也曾在公交车上哭，哭到旁边的乘客忍不住好心递纸巾，而最常做的事是在家里痛哭，哭到第二天只能用冰块敷了眼睛才敢去上班。

后来，她还是迈不过这个坎，于是决心从那座带给她痛苦记忆的城市离开，因为她和“前辈”的共同点太多，她怕看到一部电影会想起他，去某个小众品牌店会想起他，走到某条街、吃到某种食物也会想起他。

小师妹回到老家，向亲妹妹诉说自己的痛苦，在强忍泪水的时候，她的妹妹拧着眉头嫌弃地说：“现在在地铁上，有那么多人，你能不能别哭，很丢人。”

我大概能猜到小师妹在那一瞬间的悲伤，明明很难过，却感到羞愧，还要拼命告诉自己“不能哭哇，很丢人啊”。

来自亲妹妹的嫌弃生生地扇了小师妹的耳光，从此她再难过再悲伤，也只会低着头，脸上写满难过，可是她再也不会当着我们的面哭了。

当我知道后，我真情实意地为小师妹感到心疼。

小师妹可以在黑心房东突然要求搬走的时限里独自打包、拖着行李钻进网吧，边找房子边改方案。她可以瞒着家里所有人一个人去医院检查，自己给自己签手术同意书，一个人举着输液吊瓶去卫生间。她也可以在一年之内把家里的十几万块欠款还清而天天吃挂面。

她明明够坚强，够努力地活，够为自己挣尊严，可是却唯独无法拥有在陌生人面前哭的资格。

这并不合理，甚至不近人情。

她不该哭吗，失恋就不能哭吗，成年人就不能表达吗，到了情绪临界点也不能在陌生人面前流露悲伤吗，不哭是成长所必须付出的代价吗？她比别人更敏感、更容易共情就很丢人吗？不哭就是成年人最好的处理方式吗？

哭，明明是我们从出生的那一刻起就拥有的情绪表达方式，从什么时候起，受到了那么多的限制和约束，成为一种所谓成熟的标志。

因为成熟，所以“你不该”。

明明没有法律或者准则来约束，可是好像所有人都约定俗成了，有些事有些话不能去想、不能去做、不能再去拥有。

如果三十多岁的人还沉迷玩乐高，四十多岁的人还从世界各地收集玩偶，结婚了还扎双马尾，周末还在家追《哆啦A梦》，大龄单身女人还憧憬真爱，三十多岁了辞掉公务员跑出来找工作，工作了十年还不曾拥有自己的房，被欺负就不顾后果地大声说出来，他们就会指指点点：“呀，你可是成年人啊，怎么还能这样。”

为什么不能成为那样的人呢，为什么一定要把成年人的世界定义为残酷、制度、996、竞争、恶意呢，在这个钢筋森林里，我们都受到达尔文丛林法则的驱使，已经够冷漠、够现实、够理智、够马不停蹄，为什么不能拥有可爱一点、温情一点、脆弱一点、任性一点的时候呢。

我们可以在饥饿时为一份因迟到而变冷的外卖而生气，可以在生病时为一碗热粥而感动，可以在拮据时为错过地铁失去两百块全勤奖而崩溃，可以在被裁员后站在街头茫然过，可以在朋友圈发心情，然后再在一瞬间删掉，当然也可以当着陌生人的面悲伤地哭。

人生百态，千般滋味，我们都是独自品尝，于是成年人拥有太多心酸至不可说。而恰好是因为这些，才构成我们真实且完整的人生。

要相信，这个世界不会因为你大哭一场、崩溃一场就有所改变，但是你会。

我永远记得曾经在网上看到的两个视频，一个是一个中年男人坐在摆了两盘菜的桌边，整个人被大雨淋湿，握着酒瓶的背影透着悲伤。一个是穿着西装、头发微翘的上班族，突然在地铁上边哭边啃着面包。

作为旁观者，我永远无法得知他们哭的理由，但是我知道他们当时边哭还边吃的理由——他们是很难过，可是必须吃饱饭啊，这样才有力气，有力气去打拼、去奋斗，这样才能继续活下去。

这两个视频在网上引发了热论，庆幸的是没有人像小师妹的亲妹妹那样说他们不应该、很丢人，而都是唏嘘，都是感慨，或许是在他们身上，我们多多少少都看到了某一刻的自己，也曾这么不堪过、这么为难过，也这么坚强过。

日剧《四重奏》里曾说过：哭着吃过饭的人，是能够坚强走下去的。而我却觉得，能够当着陌生人的面哭的人，是能勇敢撑下去的人。

成年人的世界从来没有“容易”二字，我们每天都在努力地活着，更好地、更有尊严地活着，时常倔强，时常一身盔甲冲锋陷阵像个战士，只有偶尔脆弱，偶尔也想舔舐伤口，所以我们虽然是成年人，但仍然可以当街痛哭，也可以五十岁仍期待穿婚纱，可以挥霍所有积蓄去买全世界的玩偶，可以大龄了也扎着马尾看《哆啦 A 梦》。

我们永远都拥有这些权利与自由，它无法随着年龄而被剥夺。

只是重要的是在被压垮之后，在哭过之后，还能够擦干眼泪，再继续挣扎，继续爬起，每天都像青蛙一样不断奋起跳跃，等待着能跳出牢笼，迎来柳暗花明的一天。

它虽然来得晚，但是你要相信，人生没有白走的路，也没有白掉的泪，在熬过人生的苦之后，它迟早会来。

它就是幸福，它就是成功。

※ 假如我可以抚养自己成长

当代知名女作家闫红曾在《彼年此时》一书中写了一段往事：

闫红出生在一个小城里，父母都是工薪阶层。小时候，她总觉得妈妈对她要比对弟弟更好一些，而支撑她这个想法的，正是发生在她身上的一些生活小事。

她自小挑食，从来不吃葱姜蒜，对猪肉更是避之不及。

可在普通的汉族家庭的餐桌上，猪肉向来是荤菜里的主力军，妈妈担心，她如果不吃猪肉，营养会跟不上。

没办法，妈妈只好每天炒两个鸡蛋埋在她的碗底，不仅如此，每次吃饭，妈妈都会眼疾手快地将餐桌上猪肉以外的所有好吃的，全夹到她的碗里。

如果有上海人带来一些巧克力，妈妈还会把它们藏起来，等到她弟弟不在家的时候，再偷偷地给她拿上一小块。

一盒巧克力，她足足吃了大半个月。

有时候，家里偶尔吃顿鸡肉，那两只鸡大腿一定没有弟弟的份儿，妈妈早早地就把鸡大腿的皮剥了，然后把它们放进她的碗里。

其实这也就罢了，真正引起弟弟不满的是，妈妈还总是目光灼灼地盯着盛着鸡肉的盘子，只要一看到好肉，就夹起来给她吃。

妈妈对她的“偏爱”不只体现在这些吃食上，还体现在挨打上。

妈妈是一个脾气暴躁的人，她和弟弟经常会犯一些小错误，两个人也因此会受些皮肉之苦。可和弟弟比起来，她挨的打不仅少得多，而且还轻得多。

每次弟弟犯错，妈妈生起气来那叫一个凶狠，连拧带掐不说，还专挑弟弟大腿上最嫩的地方下手。

每次回想起这些事儿，她都觉得自己特别幸福，她甚至断言，妈妈一定爱她多过爱弟弟。可是，就在她结婚那会儿，她对妈妈生出了巨大的怨念。

弟弟比她先结婚，在他结婚前后，父母一直处于兴奋的状态中，买房子，搞装修，下聘礼，办酒席，一切都显得那么热闹和喜庆。

而她结婚时，父母却只给她办了一回冷冷清清的回门酒。

偶然间听到妈妈聊起别人家的事儿，她被妈妈的那一句“闺女就是一门亲戚”彻底伤到。她本就是一个敏感的人，听到妈妈这么说，她便开始怀疑父母对自己的爱，尤其听到父母对弟弟说，“你不要那么辛苦，将来我们这一切还不都是你的”时，她更加郁郁寡欢，打心眼儿里认为父母并不爱她。

她还经常梦见跟父母吵架，在梦中，她激烈地指责父母不爱自己，醒来时发现自己真的在流眼泪。每次做这种梦，她当天的情绪就会很低落，打个电话回去，一旦察觉父母的语气有些冷淡，她就会感觉自己被拒绝，因此难过上很久。

孔子说：不患寡而患不均。父母对弟弟的偏爱，让闫红心里很不是滋味，“发起狠来，只恨不能像哪吒般剔骨还父剔肉还母”。

伤心、怨恨、愤怒、绝望、躁动不安，各种情绪一直折磨着她，但最终她还是找到了背后的根源——“我要很多很多的爱和很多很多的温柔”。

豆瓣有一个小组叫“父母皆祸害”，很多携带原生家庭伤痕的人，都聚集在这个小组里，互相倾诉，彼此安慰，给予对方力量、温暖和信心。

其实，讨伐父母并不是他们的初衷，他们想要的不过是被看见、被听见。

童年缺失的父爱母爱，在他们心中留下了一个黑洞，当爱充盈他们的心，当欲求被深深地满足，那个黑洞会消失不见，一切情绪上的风起云涌也将止息。

曾听人说过一句话，假如我可以抚养自己成长，我一定会比现在的自己更加快乐。说完，当事人就会陷入无穷的落寞中。他落寞，是因为他觉得自己在异想天开、白日做梦，可我却认为，这个白日梦也有成真的可能。

心理学家说过，每个人的心里都有一个内在父母和一个内在小孩，只要内在父母足够去爱并支持帮助内在小孩，成年后的我们依然可以疗愈创伤，得到幸福。

所以，我们可以让内在父母重新抚养内在小孩成长，如果童年时父母未曾观照你的感受，那么从现在开始，你不妨仔细聆听内在小孩的心声，他需要什么，喜欢什么，他饿了或是累了，每一次都及时地回应他，满足他……

岚岚跟我是多年的好友，我俩是同龄人，成长环境很相似，童年都过得不太幸福，内心都非常脆弱，拧巴、悲观。

后来她出国留学了，我们的联系也随之减少了。

前几天，她回国处理一些事情，其间约我出来叙旧，我发现她的状态越来越好了，整个人都散发着柔和的气息，让人忍不住亲近她。

岚岚告诉我，在国外生活这几年，她一直在调养自己的身心，“我把自己当成十五岁的小姑娘去养，买了好多粉红色的东西，大大满足了我的少女心。”

我问她，那你今天怎么没穿粉红色的衣服呢？

岚岚笑着说，因为我长大了呀，现在的我已经二十岁了。

她将自己从十五岁养到二十岁，再次看到她，她已经不再是当初那个孱弱、悲观的小女孩了，而是一个充满力量、坚定自信的成年女性。

对于她的转变，我觉得很是震撼，原来，人真的可以抚养自己成长。

其实，何止是她，这些年，我也一直在滋养内心的小女孩。比如，跟好朋友聊天谈心，看各种心理学的书籍，写文章，吃美食，旅游，等等。

我发现，每满足一次自己的欲求，内心的风暴就会减轻一点儿，情绪逐渐变得稳定，心态也日趋平和，当然，幸福感更是与日俱增，就像一个吃到糖果的小孩子，不哭不闹，心满意足，眼睛里闪烁着愉快的光芒。

其实，对于生命最初的丧失，我们都需要一场悼念的仪式，为自己的“不曾得到”默哀，并告诉自己，你已经不是那个需要大人肯定、照顾和呵护的小孩子了，你已经在社会上立足，开辟了属于自己的世界和天地。

所以，父母的爱，得不到就算了吧。

佛说：每个人都本性具足，无须外求。也就是说，别人给不了你的爱，你完全可以自己给自己。

毕竟，你才是最懂自己需求的那个人，也只有你能给自己最妥帖的关爱。

谨记，谨记。

※ 即便你有钢铁般的意志，你也只是血肉之躯

昨晚刷知乎，看到有些女生为了保持身材，吃完东西后立马催吐，次数多了，身体也被搞坏了。她们以自己的血泪史告诫同性，减肥绝对不可操之过急。

看到这些内容，我突然想起好友前不久在朋友圈发的一条动态，让人捧腹大笑，她说："在瑜伽垫上做运动是一个破除自恋的好方法，看运动视频一分钟，感觉好棒，起码掉了十斤肉，瑜伽垫上一秒钟，哇，泪流满面，落荒而逃。"

搞笑的还不止这些，她在评论里继续写道："紧接着，淘宝店申请阻力带退款，一气呵成，最后再来一碗鸡汤，人人体质和个性不一样，认命吧，乖，躺着玩去。"

这大概是史上耗时最短的减肥吧！仅仅一秒钟的体验，好友就知道自己不适合做运动减肥，因为她根本坚持不下去。

最后，她得出的结论是：有些事，不试一试，你怎么知道自己不行呢？

又让人笑出眼泪。

对很多人来说，减肥之所以屡屡失败，其中很重要的一个原因就是，目标定得太高。刚开始或许还能坚持，可时间一长，必定会心生畏惧，最终选择放弃。

这就好比一个人欠了一笔钱，如果这笔钱的数额较小，短时间内能还上，那他就会想办法还钱，反之，如果这笔钱的数额庞大，甚至穷尽一生都很难还上，那他就会丧失动力，干脆当一个欠钱不还的老赖。

可见，一个人不管做什么事情，在设定目标之前，都不能不考虑自己的实际承受能力。

有句老话是这么说的，“人是铁，饭是钢，一顿不吃饿得慌”。

你看，一个人再厉害，意志再强悍，也只是一副血肉之躯，饿了要吃饭，渴了要喝水，困了要睡觉，繁忙的工作之余，更是要娱乐，要放松。

而那些为了减肥，吃完饭后拼命催吐的女生，显然并没有意识到这点，她们急于求成，活在头脑的妄想中，忽视身体的健康，到头来，又得到些什么呢？

曾在一本书中看到，心理学上有一个效应叫作“目标趋近效应”，我们越是趋近于某个目标，越是想要不惜一切代价完成它。

当目标设置得太高时，你越是努力接近这个目标，在最后时刻，你的意志力就越是容易溃散，一旦溃散将引发严重的后果，你会开始责怪自己，攻击自己，讨伐自己，会觉得自己很失败，一无是处，像个废物。

我就是一个典型的例子。

前一阵买了不少书，把书架堆得满满的，每次走到书架前，我都感觉心里发慌。呀！这么多书，我什么时候才能看完啊？我好想快点儿把它们看完啊！

匆忙打开一本书，看了不到三五页，又忍不住往后面翻阅，想看看还有多少页没看完。一看还有一百多页，我心里一沉，紧迫感又来了，于是更加逼迫自己发狠看书，这就导致我整个阅读体验特别痛苦。

看了一半天书，我走神无数次，并时不时把书合拢，干点儿别的缓冲一下紧绷的心情，要么刷刷微博，看看朋友圈，要么就不停地吃零食。

当然，这还不是最痛苦的。

这种想要快点儿把书看完的心态和行为，直接斩断了我对阅读的兴趣和激情，每天逼迫自己大量阅读，一个礼拜后，我彻底腻味了，把书一扔，窝在沙发上开始长时间的“葛优瘫”。

书是不肯再看了，可脑子不肯闲着呀，一个劲地批判自己，攻击自己：你真是个废物，你在浪费时间和青春，你知道吗？你快点儿起来去看书哇！再不看书，你以后写得出文章吗？写不出文章，你靠什么为生啊……

于是，我又抓起书本看，可没看几页，又开始重复之前的模式。

新一轮的肉体颓废伴随着头脑攻击也再次登台表演。

好在我本人觉察力还可以，很快就发现这条路走不通。

我跟闺密吐槽，她对我说：“你对自己的要求太高了，弦绷得太紧，是很容易断的。”仔细想想，她说得确实很对，我就是太不把自己当人看了，目标太高，要求太苛刻，完全没有给自己预留安放脆弱、软弱和懒散的空间。

要知道，人的意志力和自控力是有限的，过度使用会容易耗尽。所以，一个人要想做成一件事，必须深刻认识到人性的局限，尽量使用最低目标法，这样才不会产生挫败感和泄气感，最后也比较容易达成自己的目标。

后来，我把所有还没看的新书都从书架上搬下来，放到一个封闭的箱子里，看不见它们，我也就不容易被刺激到焦虑发慌，与此同时，我还给自己规定，每天精心挑选一本书，每天的阅读时间为两到三个小时。

对我而言，这个任务量是比较轻松的，我可以毫不费力地完成。每天工作之余，把规定的书看完，我还有充足的时间娱乐、放松和休息。

这样不管坚持多少天，我的身体和心灵都不负累，每天都过得既充实又快乐。至于意志这个东西，嘿嘿，压根儿就用不着它上场嘛。

很多人都听过一句话：“欲速则不达。”不得不说，咱们的老祖宗还是很有智慧的，看待事情总是很透彻。没错，一个人做事如果一味追求速度，一定违背了客观规律，过度透支了自己的意志力，结果只会离自己的目标更远。

所以，当我认清自己只是血肉之躯，有自己能承受的身体和心理极限时，我不再滥用自己的意志力，我会根据自身的实际情况来做事和生活，奇妙的是，当我这么做时，最后的结果反倒比之前来得更令我称心如意。

※ 善良如果没有长出牙齿，那就是软弱

庆庆跟男友谈了三年，这三年里他经常在外面勾搭女人，刚开始，庆庆总是包容他，原谅他，可后来实在是累了，于是主动提出分手。

男友慌了，跪在庆庆面前痛哭流涕，说他会改，求庆庆原谅他，再给他一次机会。但庆庆被伤得太深，不愿意再跟他复合。

男友见庆庆这么坚决，顿时生出恨意，咬牙切齿道："我都抛弃尊严，跪着求你了，你还想怎么样？你的心好狠！你对得起我吗？"

庆庆有点儿后悔，觉得自己好像真的有点儿对不起他。

在我们这一群朋友中间，庆庆是那种善良到近乎软弱的人，路上看到乞讨的老头儿、老太太，她每次都会给他们钱，朋友找她帮忙，她也总是尽心尽力。

也正是因为这样的性格，她在生活中经常碰到一些欺负她、剥削她、占她便宜的坏坯子。

她男友就是一个典型的坏坯子。

明明是他劈腿，对不起庆庆，最后却要庆庆承担“负心人”的罪名。

按照他的强盗逻辑，他可以劈腿，庆庆不可以提分手，因为他已经跪着求庆庆了，所以庆庆就必须答应跟他复合？

没有这样的道理。

我对庆庆说，做人是要善良，但善良也要有底线、有边界，没有底线和边界的善良不是善良，是软弱。这样只会纵容别人心中的恶，而你也会变成他盘剥的对象。

记得小时候看过一个寓言故事，叫《得寸进尺的骆驼》。

一个寒冬的夜晚，有位阿拉伯人正坐在自己的帐篷里，只见门帘被轻轻地撩起，他的那头骆驼在外面朝帐篷里看。

阿拉伯人亲切地问它：“你有什么事吗？”

骆驼说：“主人啊，我好冷，我想把头伸到帐篷里来。”

阿拉伯人说：“没问题。”骆驼就把它的头伸到帐篷里来了。

过了一会儿，骆驼又恳求道：“主人，能让我把脖子也伸进来吗？”阿拉伯人又答应了。骆驼于是把脖子也伸进了帐篷。

它的身体在外面，头很不舒服地摇来摇去，很快它又说：“这样站着身体很不舒服，其实我把前腿放到帐篷里来，也就只占用一小块地方。”

阿拉伯人说："说得也对，那你就把你的前腿也放进来吧。"说完，他挪动一下身子，为骆驼腾出一点儿空间来，因为帐篷实在是很小。

骆驼接着又说话了："其实我这样站在帐篷门口，外面的寒风刮进来，反而害得我们俩都受冻。我可不可以整个站到里面来呢？"

阿拉伯人点点头说："好吧，那你就整个站到里面来吧。"可是帐篷实在是小得可怜，他们两个是挤不下的。

骆驼进来的时候说："我想这帐篷是住不下我们两个的，你身材比较小，你最好站到外面去。这样这个帐篷我就可以住得下了。"

骆驼说着，就往里挤，挤到了阿拉伯人，阿拉伯人打了一个趔趄就被挤到帐篷外面去了，最后一个人被寒风吹得瑟瑟发抖。

在我们身边，有很多像骆驼那样自私自利、贪得无厌、索取无度的人，他们会利用别人的善良来满足自己的私欲，然后理直气壮地把帮助他们的人推入困境中，自己却心安理得地享受本不属于他们的福利。

很显然，对于这种人，你是绝不能用圣母心去娇惯的。

因为人不知足，既得陇，复望蜀，你的娇惯、喂养和放纵，会滋生他的贪欲，让他的胃口变得越来越大，直至榨干你最后一滴血。

据说，菩萨为了调伏顽劣的众生，或为了遏止恶人的恶行，有时应急时现金刚怒目之相，也就是人们常说的"用霹雳手段，显菩萨心肠”。以德报怨，何以报德？

可见，在遇到他人的恶意侵犯时，一味地隐忍和退让是很不可取的，必要的时候，你还是得反击回去，让他知道什么叫痛，顺便也教教他怎么做人。

只有这样，他才不敢随意侵入你的领地，他才会真正发自内心地尊重你。

一位狂热的女佛教徒尽了一切努力去爱他人。但是，她每次到市场去，一位商人都要用下流的语言来调戏她。

在一个下着雨的早上，那个男人再次烦扰她，她失去了控制，用她的雨伞狠狠地打他的脸。

当天下午，她找到一位僧人，把所发生的事情讲给他听。

“我真是感到羞愧，”她说，“我无法控制我的憎恨。”

“你憎恨他是错的，”僧人回答，“但人生就是人们之间互相交流感情的过程，你需要明白人是不同的。下次无论他说什么，你都要在心中充满善良，然后用你的雨伞再打他一次，因为这是他唯一懂得的语言。”

对你好的人，你要好好善待他；对你不好的人，你尽管出拳好了。出拳才是对他最大的善良，才能帮他迅速地成长。就像顽劣儿童玩火，痛了就知道收敛了。

昨天去逛街，遇到一个多年不见的老同学，此人读书时期经常打击我，说我又矮又胖，像只肥猪。我当时性格软弱，不懂得反抗，看见她就绕道走。

可这一次，我不害怕了，迎面朝她走去。简单地打了个招呼后，她就又故态复萌，拿我当软柿子捏了：“几年不见，你变瘦了呀，但是你好黑啊，像块黑炭！”

我冷冷一笑：“几年不见，你倒是一点儿也没变，嘴还是那么臭！买包口香糖嚼嚼吧。”她怔住了，一脸不可思议地看着我，最终什么都没说，灰溜溜地走了。

我想，经过这次交锋，下一次如果再跟她碰面，她应该不敢再随意冒犯我了。

编剧柏邦妮在《奇葩说》中说过一句话：善良是很珍贵的，但善良要是没有长出牙齿来，那就是软弱。

我觉得这句话说得很有道理，几乎适用于一切人际关系。

从小父母和老师就教导我们要做一个善良的人，但是很少有人告诉我们，过分善良其实是一种软弱，它让我们没有力量捍卫自己。

我们吃过很多次亏，受过很多次伤后才明白，善良是需要长出牙齿来的，只有长出牙齿的善良，才不会助长人心中的恶，才能给这个世界输出真正的美好。

03

第三章

美好的关系和感情，都是用心经营出来的

没有人是一座孤岛。我们在跟别人交往时产生能量，产生美好，别人也是我们成为更好的条件之一。而人与人之间的感情，最好的状态是自然流动。但在这之前，我们需要给它造一条河道，让它既能汹涌澎湃，又能静静流淌。

※ 没有婚姻，爱情就是爱情的坟墓

电台里，有一个女生匿名讲述了自己的一段情感纠葛。

缘起是因为一个很喜欢她的男生从进大学就一直在追求她，直到双方大学毕业。

这个男生为了能把她变成自己的女朋友，几乎做了所有的努力：早上帮她买早饭，平时帮她搬东西，陪她逛街，去图书馆，听她说心事，甚至还开导过她与别人的情感纠葛。

她总是一有事就给这个男生打电话，久而久之，这个男生几乎都已经变成了她生活中的一部分。她每次一有事，第一个想到的就是给这个男生打电话，有时候甚至到凌晨三四点，只要这个人接她电话慢了，或者是稍微露出一点点不耐烦的语气，她都会大发脾气。

更过分的是，有一次，这个男生本来准备和另外一个女孩交往试试，但是因为她突然有事要找这个男生，男生无奈，只好带着自己新交的女朋友去找她。

路上她接到了爸爸的电话，叫她带一包烟回去，三个人一起进了一家便利店，她在店里买完烟后，这个男生碍于自己女朋友在场，没有主动帮她付钱，结果她竟然大发脾气。

而这一次，这个一直喜欢她的男生没有继续包容她的任性，他放弃了自己的风度，很生气地告诉她："我现在并没有再打算追求你了，希望你能弄清楚。"

在电话里，女孩向主持人倾诉自己的苦恼，她不明白这件事到底哪里出了问题，毕竟他们以前也是这样相处的呀！这么多年下来，她认为这种相处模式，已经变成了彼此的习惯，却没有想过原来只是自己一个人的习惯而已。

她很失落，原来并不在意的人，在失去之后突然变得很重要，甚至重要到让她有点儿难以接受这个现实。

也许，这个女生只是没有弄明白一点，所有旷日持久的单恋，最后都会变成过眼云烟。在这段关系里，她一直在享受对方女朋友的待遇，却没有给对方该有的名分。

因为，给予对方"男朋友"的名分，将对方大白于天下，其潜台词就是拒绝其他的可能性。她在这种暧昧之中享受了自己的舒适区，但她的舒适区，恰恰是别人的重灾区。这样不对等的关系，注定难以持久。

也许，这个男生曾经对她有过爱情，可对于大部分普通人而言，爱情本身是不确定的，它的存续是有保质期的——主持人没有告诉她的是：如果不能一起走到婚姻中去，曾经再深的爱情也只能成为过眼烟云。

就像某部言情小说里面有一句话写的那样：对于爱情而言，它有一个期限，在这个期限里，你可以无限支取，可是一旦过了这个期限，它就变成了一张废纸。

激情难以持久，但生活永远都需要继续。

婚姻中一粥一饭的恩情，都会慢慢地渗入成对方难以戒掉的习惯。

偏执到底，固然是忠于自己的内心和感受，但最终却往往因为偏执毁掉自己的生活。

一段飞蛾扑火式的爱情，只有自己一个人被烧伤、被放弃，然后，只能自己一个人躲在角落里，孤独地舔舐自己的伤口。

毕竟，我见过很多的痴男怨女，在一开始的时候，也并不相信曾经风嘶海啸的情感最后也会归于沉寂，曾经热情如火、柔情似水终究成了过眼云烟与毫不在意。

是的，没有婚姻，爱情就是爱情的坟墓。

而一个男人对一个女人最大的爱，就是和她结婚。

拥有了婚姻，并不一定拥有了幸福，可是，它是爱情期望的注解和方向，因为只有它能给我们底气，给我们形式上的安宁平和，无风雨也无晴的好时光和理直气壮去付出爱的资格。

※ 情话，让生活更美好

很早以前在一本杂志上看到一段话：我不能不握紧我的剑，如果我不握紧我的剑，我就没有办法保护你。可是一旦我握紧我的剑，我就没有办法抱紧你。

这句话让我记住了很久很久，久到我都忘记了那本杂志是什么杂志、写了什么的时候，我也还记得这句话。

有一个男生向女生表白的时候，女孩子脸红了很久很久，男生很担心，小心翼翼地问了她一句：“你在干什么？”她回答道：“我在点头。”

微博上看到过一个感人的故事：

外婆离开人世的那个黄昏，外公在病房里陪伴着她走完了她生命的最后一段旅程。外婆临去前对外公说“放学了”。

一直假装平静的外公听完这句话后像个孩子似的大哭起来。

葬礼结束后我问起外公这三个字的含义，外公告诉我说，这是从前他和外婆还在上小学时外婆常说的一句话：放学了，我们一起回家吧。

王小波的《爱你就像爱生命》写过很多情话：做梦也想不到我会把信写在五线谱上吧。五线谱是偶然得来的，你也是偶然来的。不过我给你的信值得写在五线谱里呢。

但愿我和你，是一支唱不完的歌。真的，我那么爱你，你是个可爱的女孩子，男孩子都喜欢的女孩子，可是谁也没有我喜欢你这么厉害，我现在就很高兴，因为你又好喜欢我，希望我高兴，有什么事情也喜欢说给我听，我和你就好像两个小孩，围着一个神秘的果酱罐，一点一点地尝它，看看里面有多甜。

静下来想你，觉得一切都美好得不可思议。以前我不知道爱情这么美好，爱到深处这么美好。真不想让任何人来管我们。谁也管不着，和谁都无关。告诉你，一想到你，我这张丑脸上就泛起微笑。

我会不爱你吗？不爱你？不会。爱你就像爱生命。我真不知怎么才能和你亲近起来，你好像是一个可望而不可即的目标，我琢磨不透，追也追不上，就坐下哭了起来。

这些本来很普通的语言，因为被放在一个特殊的情境里，居然拥有了如此让人惊心动魄的力量。

其实，这样的情境设定，就是关于爱的仪式。

我们每个人的人生都要有戏剧化的时刻，在这样的时刻里，我们触碰到自己内心的柔软，寻找与我们本身渐行渐远的灵性，捕捉仪式赋予这些词语本来该有的“光耀”，找到我们因为成长而日渐失真的内心。

情话动人的力量，在于它们与这个世界的共鸣。

不管面对一个多么庸俗的场景，不管一个人内心有多少尖锐的东西，不管他用什么样的语言批评这个世界，不管他用什么样的伪装粉饰自己，只要他还愿意为理想主义的东西流泪，还能为某种语言感动，他对这个世界就仍旧是深情的。

我的一个朋友曾经对我说，你知道吗，其实有时候我觉得语言就是思想本身。是呀，当语言和爱的实现共鸣时，我们马上就被拉入同等的情境里，体悟到了作者想要传递给我们的那份感情。

当我们融入这份看起来庸俗的感动，去试着接纳这个世界，理解这些世俗中的爱情故事时，因为我们的领悟是如此童真，所以也就显得更加伤感。

最美的风景，就是当人历尽千帆之后，仍然愿意相信世俗的意义，相信生活和爱本身比一切更重要的意义。

当我们在爱情里情真意切地闭口不言或者大声呼喊时，这个世界实际才刚刚开始显出它的真容，曾经关于爱的怀想，还有那些脱口而出的语言，既是一种独属于我们自己的人生戏剧，更是一种潜意识里的印记，是这样的时刻，成了爱的祭奠和记录。

曾经看过一个关于语言力量的报道：

某年，丁俊辉和傅家俊打比赛。开始时，丁俊辉形势领先，但一个失误却导致他全盘皆输。回到希尔顿酒店的房间，丁俊辉闭门思过，上 QQ 和朋友述说失误的烦恼，还取消了订餐，独自一人待在屋中用音乐舒缓烦躁不安的心情。

据说他听的是杨坤的《无所谓》，一遍遍地回放这首歌，歌曲中那些句子带来了一些自我安慰的力量，让他重新树立信心，勇敢面对下一次的挑战。

在那一刻，他一定是进入了另一处精神世界，用歌词中的语言冲淡了自己面对失败的恐惧，用潜意识的暗示征服了自己的畏惧心理。

是呀，再强大的人，也有需要慰藉的时刻，我们用各种各样独属的语言模式，进入能抚慰我们的情境里，找到能与我们心底某种渴望共鸣的东西。

我想，情话动人的力量，也是因为它用语言镌刻了关于爱的尊严，戏剧是生活的比喻，即使我们爱过又忘记，在我们听到情话的那一刻，还是会猝不及防地湿了眼角。

爱常常毁于：我想要的，你却根本不当回事儿

在一个网友写的文章里看过一个令我唏嘘不已的故事。

她是这么写的：老公是500强企业的一个高管，我们三年前结婚，一直没有孩子。他每天的工作就是不停地在世界各地穿梭，收发邮件，接待客户，安排工作，我们三个月能见一次面，还是在巴黎的机场里。所以，我选择和老公离婚，因为离婚了我还有钱，而结婚时我的状态和没老公差不多。

网友在下面留言，说她老公这样的优质青年，没有不良嗜好，勤奋上进，无非就是工作忙一点，为什么就不能原谅他暂时的忙碌，再给他一次机会呢？

那个原帖楼主回复道：并非是自己不给他机会，而是通过三年的陪伴，她明白了，她想要的他根本就给不了。

她在下面解释了原因，其实他们现在已经有两套房，又给老

人各买了一套房，如果只需要满足生活需求，他们的钱是完全充裕的。但她老公渴望的东西，是金钱带来的优越感以及对资源调配的快乐，他在挣钱的过程中，缓解了自己的焦虑，即使他现在不在这个公司上班，他也会想方设法地让自己跻身进另外一家同类公司上班，而永远也过不上她想要的普通生活。

她说，她在结婚前想象的家庭，是至少要有工作缓冲期，每周一家人至少要坐在一起吃顿饭。这种仪式是增进家庭关系，加深相互了解的契机。而现在的这种状态，一点也不像“家”的样子。

小程是个大忙人。他是一家电子产品的维修组长，每天上午十点开始就没有闲着的时候，下午三点能吃上午饭就很高兴了。晚上九点下班时，常常是饿得筋疲力尽。还要坐一个多小时的公交车回到家，都快半夜了。

小程和女友虽在同一个城市，几乎一个月见不到一次面。他说，没力气谈恋爱，只想休息。

如小程一样，在忙碌的状态中，你根本无暇去感受恋爱的甜蜜和青春的张扬，女友为此受到了很多心理上的伤害，小程虽然有时候也会焦虑，想到这样的忙碌有何意义，但是一转头，他就把情感需求忘记了，因为对他而言，更渴望的是出人头地而不是和女友长相厮守。

曾经在一部以扎克伯格为原型的电影里，拍过一个这样的场景：

他创业成功后，想要跟以前抛弃自己的女友分享自己的喜悦，甚至还带着一点炫耀的意味，但是他发现她已经跟别人结了婚。

当他告诉她他的丰功伟绩时，她没有半点兴趣，这个令全世界羡慕的东西，并没有引起她内心的丝毫波澜，甚至还不如眼前的一点鸡毛蒜皮的小事来得有价值。

在这一刻，扎克伯格的脸上表现出了一丝迷茫，但是很快被他自己成功的喜悦冲散。

在百度和豆瓣很多控诉父母的帖子里，我看到的都是孩子的迷茫。当他们想把自己认为好的东西呈现给父母，通过自己对这个世界的认知，来表达对父母之间的亲近时，总会遭到父母的强烈反对。

父母让孩子按照自己的意愿去过他们认为的稳定人生。在他们看来，孩子喜欢和期盼的东西，都是不切实际的、无聊的、毫无意义的，而诸多家庭问题，就在于父母还停留在过去的认知里，不想停下来对孩子的认知有一星半点的倾听。

很多人，都把家变成了搭伙过日子。但是爱从来都是需要付出的一件事，它需要我们放慢脚步，付出时间和精力。

我不止一次听人说过，家无非就是一个睡觉的地方，其他没有什么太深刻的感觉。晚上回到家睡个觉，第二天再起来上班。

越来越多的人，呈现出对家的疲态。他们的家庭生活已经缺乏激情，缺乏真诚的初心。

据我观察，他们虽然对自己过度保护或是过度放纵，但是封闭自己的内心，不敢接受任何亲密关系，常常是因为缺乏投入想象的能力和完全交付出自己的勇气。

而越是这样，他们就越在那种缺爱的社会关系里证明了人与人之间是冷漠的、无常的、缺乏信任基础的，而这种认知，会慢慢变成一个内心的黑洞和无法解脱的死循环。

有一个网友说过，她通过很多年的努力，终于过上了独立的、远离原生家庭的生活，可是她发现自己还是一直不快乐，那种孤单和迷茫常常会袭击自己，在她生孩子之前，所有的情绪突然崩溃了，出现了巨大的心理问题。

我想，我们都应该去补课，爱的能力和爱的技术并不是社会关系，更不是血缘关系天生赐给我们的。这是一种后天习得的能力，我们每个人的身体和心灵都对父母亲人，自带着一种牵挂和依恋，在这种牵挂和依恋中组建一个家庭。

有人说，不理解好莱坞电影里，为什么总是牵强地把所有解决一切危机的东西牵强地解释为“爱”，我想，因为那是我们每个人最后的去处和心灵获得救赎的唯一归途，一个人不管多坚强，都需要这样的过程来救赎。

而不管是电影还是生活里，懂得爱的人，看起来都是傻傻的。因为他们能全身心地相信，能在每一场用心的交换中强化这种爱的意义。

在这场人与人之间爱的互动里，千万不要对他人的心意不屑一顾，所有的爱需要我们用想象去追逐向往，需要我们用浪漫去锦上添花，需要我们用真诚去理解对方想要传递给我们的他们独有的珍贵心意。

※ 最好的家教，是一场幸福的婚姻

身边为人父母的朋友越来越多，打开微信朋友圈，不是大学同学的儿子蹒跚走路了，就是同事的女儿今天喊了一声爸爸。配的照片都很精致，显然还是找好了角度，想给孩子和自己留下一个最美的瞬间。

随便点开其中一位的朋友圈，指尖一路滑下来，从今天开始往后翻，几乎全是关于孩子的日常动态，有的是孩子的喷饭趣事儿，更多的则是孩子的照片和视频，有时候一刷就是十来条，完全担得起“晒娃狂魔”的封号。

每次看到这些，我就不由自主想起了之前看过的一句话，讲女人的朋友圈主题，“恋爱前是自己，恋爱后是男朋友；结婚前是小两口，结婚后是孩子”。

联想到刷朋友圈的经历，可不就是这样吗？

其实不光是女人，很多男人在当了爸爸后，也喜欢在朋友圈晒娃。他们觉得，我的孩子这么可爱，为什么不让朋友们看看，顺便也夸宝贝几句呢？

想一想都觉得美滋滋的。

总之，在晒娃这件事上，想让他们衣锦夜行，低调一点儿，他们只会充耳不闻，继续乐此不疲地将"晒娃"进行到底。

孩子是父母的延续，每一个父母都"望子成龙，望女成凤"。所以，有了孩子后，很多人自然就把所有的注意力聚焦在孩子身上，只要是为了孩子好，所有人都必须让路，其中也包括自己，以及身边的伴侣。

常常看到，不少女性结婚生子后，眼里、心里几乎只有孩子一人，她们白天围着孩子转，晚上陪着孩子睡，为了不影响孩子的睡眠，甚至还将老公赶到隔壁房间的小床上去睡觉。而可怜的老公呢，偶尔想跟老婆亲热一会儿都没有机会，每逢情人节，想带老婆去餐厅吃一顿烛光晚餐都成了奢望。

但女人都觉得这很正常，有人还经常把这些事当作茶余饭后的谈资，仿佛这样能证明自己是一个多么伟大的母亲，为了孩子，她能牺牲掉自己和另一半的所有利益。至于老公的感受和想法，她不甚清楚，也并不在意。

有时候，老公跟她抗议，她还会生气翻脸，你是孩子的爸爸，就应该跟我站在同一阵线，不然，你就不是一个好老公，也不是一个好爸爸。

很多家庭的矛盾就是这么来的。

当一个人婚后将孩子视为生命的全部或是重心，而忽略对伴侣的尊重和呵护时，夫妻之间的关系必然会出现裂痕，家庭的和睦也势必会被打破，到时候，受罪的又岂止是夫妻俩，就连孩子也难以幸免。

表妹最近要准备高考，看得出来，她的压力很大，一直不停地靠吃东西减压，结果导致身材严重发胖。爱美的她很想减肥，又不知道该怎么办。

在得知表妹要减肥后，爱女心切的小姑巴不得自己能帮上什么忙。她从网上查了不少资料，帮表妹制订了一个看似完美的减肥计划——每天晚上只喝一碗杂粮粥，只吃一碗水煮青菜，然后再加慢跑一个小时。

为了督促表妹，她还拉来姑父一起帮表妹执行这个计划，结果却遭遇了他俩的反弹和不配合。表妹一听这个计划，觉得太苦，不想做；姑父更是摇头，我每天上班够累了，回来还要伺候这个小祖宗，没法配合。

这无疑让小姑感觉很郁闷、很有挫败感，可她又不忍心对表妹发火，就只好将满腹的委屈和牢骚发泄在姑父身上，她指责姑父不负责任，对表妹漠不关心，甚至都不明白自己的一片苦心。姑父也很生气，他不明白小姑为何这么不谅解自己。

此后，两个人动不动就因为一点小事儿发生口角，吵得激烈时，姑父甚至摔门而去，整晚都不回来。而表妹也因为他们经常吵架，无心学习，心情低落，她一看到小姑就摆脸色，绕道走，一句话都不跟小姑说。

小姑很难过，但又不知道该怎么办，只好跑到我跟前诉苦。

不得不说，小姑的初心是好的，但好心却办了坏事，为什么呢？

其实，我们都当过小孩子，可不知道为什么，随着我们长大成人，步入社会，结婚生子当了父母后，竟然会搞不清楚孩子最渴望、最需要的是什么。

这是多么令人痛心的一件事呀！

在这个世界上，父母是孩子最在乎的人，孩子对爱的感知和学习几乎都源自父母之间的关系，如果父母关系不好，彼此间缺乏爱意、尊重和信任，孩子的心里又怎会时刻充满爱和安全感呢？

美国家庭治疗大师维吉尼亚·萨提亚说过："无论国王还是农夫，只要他家庭和睦，便是世界上最幸福的人。"

家和万事兴，对于孩子来说，家庭和睦是最重要的，只要家庭和睦，爸爸爱妈妈，妈妈爱爸爸，那他就是世界上最幸福的人了。

后来，我对小姑说："你因为表妹的事儿对姑父发脾气，搞得夫妻关系紧张，表妹更加不快乐，压力更大了！"

如果要用一个成语来形容小姑的做法，那无疑是——本末倒置。其实，她只要好好爱姑父，两口子恩恩爱爱、和和气气，彼此尊重，互相信任，开开心心把日子过好，表妹自然会放松自己，学得开心，考出好成绩。

听了我的话，小姑决定按照我给她的建议去做，她很诚恳地跟姑父道了歉，姑父也原谅了她，两个人重归于好。没过多久，表妹的笑脸就回来了，她的体重也在慢慢下降，模拟考试的成绩更是一次比一次优异！

最好的家教，是一场幸福的婚姻。

当我们跟伴侣越是恩爱，关系越是和睦，婚姻越是幸福时，孩子就越会快乐地做自己，越会创造性地实现自己的价值。

用父母的眼光去审视孩子的需求，我们很有可能犯下错误，但如果用孩子的眼光去审视孩子的需求，我们一定能听到那个最真实的心声——爸爸爱妈妈，妈妈爱爸爸，我爱爸爸妈妈。

※ 所谓成熟，就是越来越接受别人本来的样子

心理学家卢悦在工作期间接待了许多女性咨询者。他说，她们中的很多人都有一个共性，那就是普遍很着急，总是催促他："卢老师，咱们略过分析的过程，您直接告诉我该怎么才能搞定我老公，具体的招数您给我好吗？我要干货！"

这还不是最着急的，有些女性咨询者甚至会把自己的具体情况提前发给他，希望他能从咨询的第一句话就进入建议状态。

对此，卢悦感到五味杂陈："这时候，我内心就会有一些悲哀。因为我要培养的是一个战士，而不是一个婴儿，等着我替她作战。"

卢悦一直认为，心理学的主旨是接纳，而改变的核心如果是不接纳的话，那根本不会起到任何实际性的作用。

很显然，很多在卢悦那儿接受心理咨询的女性，都犯了一个

错误——试图改变伴侣。当她们在心理咨询中感觉自己大有所获时，恨不得立马将自己的老公也拖到课堂上，让他见到她所见的，让他感受她所感受的。

如果老公不愿意上课，她们依旧不减改造对方的乐趣，怎么做呢？那就是把很多好书的精彩段落都画上了线，然后放在老公的床头，让他看看，让他也成长一下。

可老公不感兴趣，上了床后沾着枕头就呼呼大睡，徒留她们在一旁暗自伤心。更让人崩溃的是，当她们试图改变老公无果，只好疯狂砸东西发泄情绪时，被改造的对象——老公，往往会在一旁冷冷地质问："这就是你心理咨询的结果？"

如果事情发展到这种地步，以后要让老公相信心理咨询有效果，恐怕会更难了，因为本来他就心有抵触，看到你这么歇斯底里，只会更加不相信了。

人人都有改造欲，改造欲越强的人，对人或事的接纳程度就越低，如果别人不能如自己想象中的那样，他们就会感觉很不舒服，严重者甚至会采取激烈的行为，强迫对方进行改变，如果对方坚决不配合，那势必会摧毁彼此间的关系。

情感咨询师晚睡的儿子小名叫胖墩，有一天放学回家，他苦恼地对晚睡说，他不喜欢身边某人的言论，总是忍不住去争辩，觉得很困扰。

晚睡便告诉胖墩："不要试图改变别人来适应你，当你完全不认同他的时候，更没必要表露自己的观点，因为没有讨论的价值。”

晚睡一直认为，孩子在成长中要学会忽视的艺术，让世界和周边的人可以保持它自己的转动，而我们自己，只需要知道自己在什么位置就好了。

其实，这个观点和法国启蒙思想家伏尔泰的那句经典名言——“我不同意你的观点，但我誓死捍卫你说话的权利”。所要传达的道理是一样的。

在这个世界上，每个人都有说话的权利，当别人的想法和我们的有所出入时，我们不能要求对方来适应自己，而是要让他们的想法自由流动。

是的，每个人都需要做自己，只有做真实的自己，践行自我的真实意志，我们才会感到快乐，我们才会觉得自己是一个自由人。

所以，与人相处，尤其是亲密关系中，我们要努力做一个成熟的人，放下自己的改造欲，允许身边的人做他自己，接受他们本来的样子，正如心理学家李雪所说：“爱他，如他所是，非如你所愿。”

之前看过一个故事，故事中的女主角在这方面就是一个很有智慧的人。

英国大政治家狄斯瑞利才华横溢，而他最后结婚的对象却是一个虽然有钱，但是年纪比他大十五岁的相貌平平的寡妇，这个寡妇还没有学问，她的谈话常会犯文学上、历史事迹上极大的错误，往往成为人们讥笑的对象。

不仅如此，她还不会穿着打扮，对于屋子的陈设更是一窍不通，但是，就是这么一个平淡无奇的人，竟然赢得了狄斯瑞利的尊重和喜爱。

原来，她温柔体贴，从不试图改造自己的丈夫，也从不让自己所想到的跟丈夫狄斯瑞利的意见对峙、相反。每当一整个下午，狄斯瑞利跟那些敏锐反应的贵夫人对答谈话而精疲力竭地回到家里时，她会立刻创造一个安静的环境，让他好好休息。

狄斯瑞利跟这个比他年长的太太在一起的时光，是他一生中最愉快的时候。她是他的贤内助、他的亲信、他的顾问。每天晚上他从众议院匆匆地回家来，他告诉她白天所看到、所听到的新闻。而最重要的是，凡是他努力去做的事情，她总是给予他坚定的支持，从来不会说让他堵心、难受的话。

为了回报太太的温柔、包容和体贴，狄斯瑞利也尽己所能地去关怀她，无论她在众人面前所表现的是如何的愚蠢、笨拙，他从来不批评她。如果有人嘲笑她，他会立即为她强烈地辩护。

在他看来，太太虽不完美，但结婚这么多年，他从来没有厌倦过她。

家是一个让人感觉放松的地方，很多人或许早就忘了这一点，但狄斯瑞利的太太却没有忘记。她没有把家变成军营，也没有把丈夫变成士兵，她只是尽显自身的女性本色，温柔体贴地对待丈夫，从不试图去改变他，最后反倒赢得了他的尊重和喜爱。

我们都听过一句话，“江山易改，本性难移”，这句话告诉我们，一个人的性格是很难改变的，每个人都倾向于做自己，不愿接受外力的压迫。

当然，有人或许会说，我就是看不惯，他明明做得不对，凭什么不改？

对于这类问题，我的回答也很干脆：看不惯是你的问题，别人没有义务配合你，如果你看不惯，你可以远离，但你无权上纲上线，强迫别人接受改造。

其实，很多时候，关系中的相处是非常需要智慧和技巧的。想让一个人发生改变，也并非完全不可能，只是一开始，你必须先放弃内心强烈的抵触感和评判欲，因为当你这么做时，就等于把别人放在了你的对立面，你表露出来的敌意和攻击性，会让对方心生反感和抗拒，一切谈判也就无从开始。

※ 不用激烈的对抗，你也可以轻松达成目的

小时候父母吵架，都喜欢在我面前诉苦，说另一半的不是，我一个小孩子能怎么办？一边是老妈，一边是老爹，手心手背都是肉，站在老妈这边说老爸的不是，老爸会不高兴，站在老爸这边说老妈的不是，老妈又不高兴。

唉，小时候的生活真是水深火热，跟夹心饼干一样。长大后就发现，并不是什么事情都能分出对错，也并不是什么事情都必须分出对错，总是执着于对错的人，往往有着过强的道德感，为人处世不够圆融通达，谁跟他一起过日子，都会感觉很压抑，恨不得离他远点，心里落个轻松自在。

就拿我妈来说吧，她经常责怪我爸懒，不帮她干家务活，有时候我爸坐在沙发上看电视，她在一旁拖地，嘴里总是唠唠叨叨，我爸被念烦了，就会摔门走人。

然后我妈就更生气了："你看他那个样子，自己做错事还有理了？"

这是很多中国人的日常相处模式，在人际关系中，大家都喜欢评判好坏和对错，大家都喜欢自己是对的，是好的；别人是坏的，是错的。

但他们没有意识到，这种僵硬的评判模式并不能产生任何实质性的效益。

我妈指责我爸懒，不帮她干家务，她觉得我爸做错了，那我爸最后到底认错了吗？没有。他不但没认错，还更讨厌我妈了。

从最终的结果来看，我妈吃大亏了，亏得一败涂地。你看，她辛辛苦苦干家务，非但没得到我爸的感激，反而被我爸厌烦，我爸最后也没帮她干家务。

有句老话叫："得饶人处且饶人。"很显然，我妈缺的就是这种通达的智慧。一个人哪怕再有理，也最好不要咄咄逼人，因为人都有逆反心，没有人喜欢自己是错误的一方，当你站在正确的制高点，激烈地指责别人不对时，对方是很容易恼羞成怒的，哪怕他觉得自己确实做错了，也不会老老实实向你承认错误。

相反他会觉得你激烈粗暴的态度很无理，伤害了他，短短一瞬间，在心理上，他就把自己从犯错的一方，迅速地转换成受害者的角色，而那个加害者就是你。

所以，如果我是我妈，我一定不会用这种激烈的对抗姿态来对付我爸，我会冷静地思考，怎么做才能让另一半心甘情愿地帮我干活。

当然，我爸的应对措施也很不成熟，他摔门而去只会让我妈的怒气更甚，长此以往只会加剧他俩夫妻关系的恶化。

不管跟谁相处，人为地制造对立，都不利于彼此良好关系的建立，想要达成双方的有效合作以及和谐共处，我们每个人最好都懂一点太极智慧。

什么叫太极智慧，下面这个故事或许能给你我一点启发。

缇娜刚结婚的时候，她的丈夫大卫经常把湿漉漉的毛巾扔得到处都是，床上、桌子上、沙发上、柜子上、地板上，到处都是他扔的毛巾。

头几次，缇娜还耐心地提醒他，让他把湿毛巾放进洗衣篮，可每次他都答应得好好的，下一次又故态复萌。

缇娜发现提醒无效后，便冷静地改变了策略。

她把老公的毛巾都扔到院子里的一棵树上，每次老公去浴室洗澡，发现没有毛巾用，就只得去院子里的树上捡回一条毛巾。

缇娜用实际行动告诉老公，要想有干净的毛巾用，就必须先把湿毛巾放到正确的位置——洗衣篮中。

很快，老公的“坏习惯”就被纠正过来了，而缇娜不费一兵一卒，没有内耗一丝心力，就轻轻松松解决了问题，得到了自己想要的结果。

美国作家马歇尔·卢森堡在《非暴力沟通》一书中写道：“当我们要惩罚别人的时候，不妨问问‘我希望他基于怎样的原因去做我想要他做的事情’？就会发现惩罚其实是很难实现我们的目的的。”

没错，当你用激烈的言语指责别人时，就等于在对别人言语施暴，别人会把它当成一种满含敌意和对抗的惩罚，他本能地会对此进行反抗，而你的真实需求不会被他看见，你内心真正想要的依旧得不到满足，最后损失最大的还是你自己。

有个朋友怀孕了，她很怕疼，想要剖腹产，但婆婆却跟她说，顺产比剖腹产要好，言下之意希望她顺产。

朋友很不高兴，跟身边人各种抱怨，怪婆婆不心疼她，还说自己命苦，嫁错了人。身边的亲友都安慰她，让她不要把婆婆的话放在心里，毕竟老人家都是老观念，如果自己想要剖腹产，就坚持剖腹产。

朋友听不进去，她心里对婆婆生了怨气，临产前，她虽然听婆婆的话选择了顺产，可心里终究百般不情愿，生完孩子后，她每次看到婆婆都没有好脸色。

婆婆也察觉到了，她心想，我辛辛苦苦帮你们带孩子，你咋还老对我拉长一张脸呢？于是，婆媳俩的关系陷入冰点，老公夹在中间也很不好受，夫妻俩的关系也日渐紧张。

生活中，很多人在处理分歧和矛盾时，常会犯我这位朋友的错误：一是毫无原则地忍受，二是不知节制地较劲。他们根本不清楚自己真正想要什么，凡事都喜欢上纲上线，跟别人进行心理对抗，一点点小问题都升级成人格的讨伐。

你说你不想剖腹产，那就围绕着这个目的想招呗，你可以找几篇权威报道给婆婆看，让婆婆对剖腹产放心，你也可以不动声色地先答应婆婆，最后再随便找个理由，说自己肚子疼顺产不了，然后转成剖腹产。

总之，方法很多，手段也可以很灵活，唯独没必要的就是暗暗跟婆婆较劲，跟婆婆搞对抗赛，责怪婆婆对你不好。婆婆或许确实没拿你当亲女儿看，但这很重要吗？在这个世界上，没有人能完全满足你的期待，对别人要求太高只会让你更失望，你能做的，就是避开跟别人的心理纠缠，想方设法去争取自己想要的。

※ 艺术需要敏感的心，生活需要点钝感力

香港著名影视女演员袁咏仪曾在节目《爱呀幸福男女》中自曝在生完小孩后的大半年时间里，性格变得特别敏感，心头总是攒着一团焦虑和恐惧，看任何东西都不顺眼，把所有的人都当成局外人，其中也包括自己的丈夫张智霖。

在那段灰暗的时间里，她还经常因为儿子的问题和丈夫吵架，逼得对方竟然萌生离婚的念头："如果你继续这样呢，我们真的没有办法一起过下去了！"幸好她及时醒悟，诚心向丈夫道歉，保证再也不那么敏感了，最后才挽回了这段婚姻。

生活中，很多人都患有"敏感病"，患有这种病症的人，跟袁咏仪一样，心思太过细腻，总是想东想西，患得患失，精神往往会处于高度紧张的状态，外界一点儿风吹草动，都可能给他们造成伤害，让他们惶恐不安。

当然，敏感也并非一无是处，在文化艺术领域，很多作家、画家和音乐家，都有一颗敏感的心，正是敏感造就了他们异于常人的感受力和理解力。

所以，敏感的人如果能把这种特质用在文化艺术领域，那说不定会大放异彩，创作出非凡的作品，最后成就一个才华横溢的自己。

然而，生活又不同于艺术，艺术就好比清澈的湖水，生活就好比湖底的淤泥，一个人要想在“淤泥”中生活得舒畅点儿，是需要一点儿钝感力的，也就是说，凡事都不能拿显微镜去看，也不能总是以针尖对麦芒的方式去处理问题。

日本作家渡边淳一曾在《钝感力》一书中写过这样一个故事：

在他家附近有一位爱美的老太太，这位老太太八十出头，平时总是精神抖擞，喜欢外出活动筋骨。有一天，渡边淳一刚出家门，老太太恰巧也从斜对面的家中出来，她对渡边淳一绽颜一笑，渡边淳一也点头向她致意。

这时老太太突然挺起胸膛问他：“这个，怎么样？”当时她全身裹了一件粉底散花的连衣裙，肩上披着一条浅色的开司米披肩。

虽说老太太的身姿确实十分挺拔，看上去也远比她实际年龄要年轻许多。可无论从哪方面讲，那连衣裙都太艳了，但渡边淳一还是下定决心地说道：“非常漂亮啊，您穿起来真合身。”

这时，老太太满面笑容地致谢说：“谢谢，太高兴了。”说完，她就转身走了。望着她那艳丽夺目的背影，渡边淳一仿佛觉得在那春天的街道上，只有她一个人在闪闪发光。

一个月之后，渡边淳一再次遇见了那位老太太。这次她身着一件花哨不亚于上次的橘黄色连衣裙，胸前垂着一条硕大的项链。

相互寒暄了几句后，老太太又问渡边淳一：“怎么样？”

渡边淳一的回答当然还是：“您穿上去很合身。”

“谢谢。”老太太又是满意地一笑。

她那怡然自得的样子，让渡边淳一有一种感觉，好像每次见到他，受到他的称赞都是理所当然的，这多少令他有些不快，但是她的表情那么天真，他也就言不由衷了。

据说附近的人都是如此，每次听到老太太发问，大家都会这样称赞，“您穿起来真合身”。除此以外，别无他法。

每次听到别人称赞，老太太都是莞尔一笑，一脸满足的表情。

她根本听不出什么是讽刺，只要听到“特别漂亮，您穿着真合适”这样的话，她都会毫无疑问地照单全收，也坚信自己如此穿着非常漂亮。

起初，很多人确实都带着讽刺夸赞这位老太太，但令人不可思议的是，在大家的眼中，那些艳之又艳的服装老太太穿上后居然慢慢开始顺眼起来。

你看，这就是钝感的魔力。

钝感，在某种程度上也是一种坦然、自信和豁达，你坦坦荡荡地活着，自信大方地展示自己，同时对外界的流言蜚语保持云淡风轻的态度。

当你这么做时，别人反而会不由自主地退后一步，调整自己的立场和角度来适应你，跟着你的步伐和节奏来起舞，并发自内心地认同你对自己的看法。

渡边淳一还说过："钝感是一种才能，就是做事不前思后想，即使别人说些不中听的话，听完后马上就能抛到脑后。有益的钝感，与精神上的安定和保持快乐的心情密不可分。有些高龄而健硕的人，基本上都不听别人讲话，偶尔听上几句也是听听就过去了，这种情形往坏的方面讲，也可称为我行我素，自我中心，不过正是这种不太计较他人言语，不听别人讲话的做法，才是保持健康的秘诀。"

没错，在伤害面前，钝感永远是最好的防御武器。万事不过心，又或是事情发生了就让它彻底留在过去，总是秉持这种心态的人，想要受伤恐怕也很难。

※ 麻烦别人和被别人麻烦也是一种情感交流

朋友去日本探亲回来，说不太喜欢日本这个国家的氛围，“太讲客气了，客气得我都想撕下他们脸上的假面具”。朋友的原话是这样。

日本在我的印象中，确实是一个很讲礼仪的国家，记得之前看过一个知乎帖子，说日本人是出了名的不爱麻烦别人，还动不动就鞠躬，“对不起”三个字更是经常挂在嘴边。

按理说，大家应该都很喜欢日本人的高素质，但奇怪的是，很多在日本待过的人，都觉得日本不如国内舒服，轻松，有人情味。

想想也是，人际关系中讲礼貌，讲客气，不随便给人添麻烦，确实是一种美好品德，可凡事过犹不及，正如英国诗人约翰·多恩所说的：“没有人是一座孤岛。”活在一个群体社会中，每个人都或多或少需要别人的帮助。

如果你总是孤立自己和他人，硬生生切断彼此的连接，那不仅会让自己陷入困境，还会让他人产生一种很不好的感觉，那就是你这个人很冷漠，很不近人情。

我本人就有过这样的经历。

刚恋爱那会儿，我在男友面前一直表现得很矜持，很懂事，很善解人意，去吃饭抢着买单，去超市买米坚持自己提回来，就连生病住院也会闭口不言，不愿意给他添麻烦。

我以为这样做，会让男友更喜欢我，但事实证明，我错得很离谱，我越是不愿意麻烦他，他心里越是不快乐，跟我的距离也越来越远。

这段恋情最终以失败告终。

分手后，我哭得很伤心，我向身边的朋友倒苦水，说不明白为什么自己一番好意，一片真心，换来的竟是这样的结局。

朋友当时说了一段话，让我印象非常深刻。

她对我说："人跟人的感情都是麻烦出来的，你麻烦我，我麻烦你，一来一回，关系就热络起来，感情也逐渐升温。而你总是不麻烦他，他在你这儿也找不到被需要的感觉，你们之间的感情也无从建立，你说他能不撤退吗？"

看来，问题还是出在我自己身上。

过去我一直把"麻烦别人"妖魔化了，其实，麻烦别人和被别人麻烦也是一种必要的情感交流，我们都通过"被需要"来确认自己的价值。

人与人之间最好的关系永远是彼此需要，你需要我，我需要你，我们在互相麻烦中感受自己存在的价值和意义，同时也加固彼此之间的感情。

心理学家武志红说过：“很多人怕麻烦别人，但是，不麻烦彼此，关系也就无从建立。有这种麻烦哲学的人，难以发出对关系的渴望，所以势必会退回到孤独中。”

是呀，好关系是麻烦出来的。

当你麻烦别人时，你就等于在彼此的心中搭建了一座桥梁，别人就有机会对你付出，为你提供帮助，并从中得到一种成就感，而你俩之间的关系也能因此升华，从最开始的毫无交情，甚至是敌对的状态，一下子化干戈为玉帛，私交甚笃。

曾在书中看过这样一个故事。

1736年的某一天，富兰克林在宾夕法尼亚的议院发表演讲。另一位议员完全反对他的观点，于是也发表了一篇演讲，十分激烈地批评了富兰克林。

这让富兰克林有点儿措手不及，但是又想争取这位议员的同意。

怎么办呢？

他无意中打听到这位议员的家里正好有一套非常稀有的图书。于是，他十分恭敬地写了一封信，厚着脸皮向这个议员借书。

没想到，这个议员竟然同意了，一个星期后富兰克林还书时郑重地向他表达了谢意。

几天后当他们再次在议会厅见面时，富兰克林是这样描写的："他竟然主动跟我打招呼（以前从来没有过），后来我们谈话，他还表示，任何时候都愿意为我效劳。"

从此，他们俩化敌为友，终生保持着友谊。

对于这一段经历，富兰克林得出了一个结论：曾经帮过你一次忙的人，会比那些你帮助过的人，更愿意再帮你一次忙。

很神奇是不是？这简直颠覆了很多人的固有观念。原本，人们一直以为，要想获得别人的喜爱，就要多付出，多帮助别人，并且尽量不要麻烦别人。

可实际上，每个人心中都有英雄情结，每个人都在帮助别人，对别人付出和奉献中寻求自身的价值和意义，所以，麻烦别人，对别人也是一种另类的给予，给予对方一种"我可以帮助别人"的快乐和满足。

当你成全别人这种快乐和满足时，你也就赢得了他的喜爱和亲近。

04

第四章

你给予生活仪式感，生活才会给予你美感

生活看似是无序的，今天我们情绪低落，明天又可能精神抖擞。但生活又是有迹可循的，我们都渴望美好的事物，都渴望一种自我良好的感觉。有迹可循的美好，来源于有仪式感的生活。这是我们给自己的一点定期奖赏，也是给生活的一种高度重视。

※ 精致的生活总有一点儿“神经”

喜欢的生活，不一定很花钱，但可能要费点事。

鲁迅先生讲《红楼梦》，说它“悲凉之雾，遍被华林”，因为里面不仅有众生百态，命运跌宕之不可逆，还有大量的生活细节。

春天到了，大观园的姑娘小姐，都会制芙蓉硝，因为她们脸上会生春藓。

除了这个芙蓉硝，她们对打络子也颇有心得，莺儿俨然就是其中的配色专家——大红的须是黑络子才好看的，或是石青的才压得住颜色。

松花配桃红，金色配黑色。

如果这些都只是生活的家长里短，还不能算完全的诗意。还有更美好的——宝黛一起倚在花树下读《西厢记》。

桃花袅袅在风中娜娜而下，一对少男少女倚靠着山石，在春日的桃花园里读书，听沁芳泉里流水潺潺，这是何等浪漫的一件事情。

更浪漫的是黛玉扛着花锄，将落花包着，一一葬在树下。

还有龄官，想着自己深爱的人，在花架子下的雨里，一笔一画地画着蔷字。

这些细节，都带着一点儿未泯的天真，带着一点儿赤子之心的傻气。

《致青春》里郑微向陈孝正表白，她说："我喜欢你。"

陈孝正答道："你神经病啊。"

或许，爱就是我们突然脑子一抽发的神经。

很早以前有个名叫《东京爱情故事》的日剧，有点儿神经质的，始终微笑着的莉香，最后把手帕系在了电车架子旁的栏杆上。

这真的是惆怅的美好，带着一点神经质特征的美好。它是埋在心底的纯粹。让很多人怀念了很多年。

我和我朋友说，爱和美，这是多么纤细的东西，它们从来不具备任何力量，还常常会给自身带来许多折磨、苦痛与麻烦，它们可以想念却不能怀抱，可是它们又确实是人存在的基础与彼生极致的追求。

我朋友是个有点儿神经质的人。

她是摄影爱好者，她可以为了拍露珠的晶莹，拍花朵的绽放而不睡懒觉。

她总是时刻拿着相机，到处关注构图与光影。有一天站在窗前，望着层层叠叠的暗色夕阳，她说，她觉得这一刻很美，竟然有一种美得想哭的冲动。

在这样独属于大自然的景色里，每一个瞬间都是有价值的，相机捕捉不了这种自然的力量。

她说着说着就眼泪盈眶。

我告诉她，有一天下午，阴沉沉的天气里，我独自一个人在窗前坐着。听着三国那段："他们都说，亮是个谨慎的人，可是那日草堂午睡之后，亮就做了一个与天赌命的大梦……"手里捧着一本《三国演义》，然后，我也流泪了。

我说，我每次放书的时候，就把《论语》放在中间，《诗经》靠在后面，《楚辞》挨着它们，整个中国前半段的诗骚传统，祖师传师父，师父传徒弟，一代一代传下去，有一种朝圣般的感动。

《小王子》里面，小狐狸的幸福是那样的纯粹：如果你说你在下午四点来，从三点钟开始，我就会开始觉得很快乐，时间越临近，我就会越来越感觉到快乐。到了四点钟的时候，我就会坐立不安，我发现了幸福的价值，但是如果你随便什么时候来，我就不知道在什么时候准备好迎接你的心情了。

精致的生活，有时就藏在神经质的脑抽里。它令人犯傻，令人痴狂，令人敬畏，令人有了勇气和铠甲，也令人有了柔情与软肋。

和朋友一起坐公交车回家，看见路边有一片油菜花，艳丽的金黄从远处一直蔓延到路旁，风过了，如连绵起伏的黄色波浪。

我执意要拉着她下车走路，我说，这样的美，我们需要带着一丝有敬畏的心态去欣赏。

她虽然觉得不可思议，但终究还是答应了我。她说，这个世界不能都是你这样的人，可是你这样的人多一点，我也会变得更好一些。因为我会觉得这个世界令我有一点安全感了，就不必要那样痛苦地防备着别人。

我说，我们每天都可以发神经。我们可以一直这样发神经——把爱与美这件事更神圣化一点儿——听外面刺骨的朔风，感受室内的温暖，听春天花开的声音，看夏天的连天碧色，秋日的清光如海，还可以细致地消磨漫长绵密的冬夜。

不管在哪个时代，我们都需要留一点儿对自然、纯粹、爱的体悟时间，怀着一点儿对它们的庄重和敬畏。

原来，爱真的是突然脑抽时发的神经。

我们可以一直发神经。

我们每天，都应该要花一点儿时间来发神经。

※ 金钱只使人无忧，活力却使人生活

曾经看到过一个经典的问题：为什么你有车有房还是找不到对象？

刚开始打开它的时候，本以为我会看到一个教育人要有高情商的情场精英式说教，打开点击率最高的回答，却是一个人惨痛的经历。

男主角大学的时候就是学生会主席，他是一个非常能干的人，在学校里就是风云人物，毕业之后顺理成章地留在了上海，在职场上学了一些八面玲珑的手段，加上自己长袖善舞的性格和找客户的能力，很快就通过努力赚到了买房的首付。

在大城市买房之后，他觉得自己需要一个老婆。通过朋友介绍，他很快找到了女朋友，谈了一年多，那个女生却坚决要跟他分手。

所有人都对这个结果感到费解，因为不管从哪方面看，他都是一个条件优秀上进的青年，两人的故事明明是标配的王子和公主，却没有过上童话中那种幸福的生活。

网友们纷纷在故事下面猜测对方和他分手的原因，后来他自己出来解释，告诉大家说对方嫌他没有情趣。

他说，对方分手时说，他过的是社会要求下的标配人生，虽然“看起来很美”，但是没有一点真正的活力。

他喝酒，只是为了应酬，他吃饭，只是为了饱腹，甚至他陪女朋友逛街，也只是为了完成任务。

在这样程式化的人生里，你看不出他真正喜欢什么，对什么有热情，用他女朋友的话来说，他只是一个被标配人生绑架的人，所有的一切都只为目的，不需要过程，跟这样的人生活在一起，就像和一个设置了要过模范人生的 AI 在一起差不多。

我想，可能这就是书中常说的那句关于情感的老话：“如人饮水，冷暖自知。”

换成是我，应该也不会想要和这样的人在一起——因为他只有生活的范式，没有生活的底色。你不清楚他真正喜欢什么，会为什么动情，会为什么驻足，当他送花的时候，是因为别人都在送，当他请你看电影的时候，是大家都在看。

她的女友说，纵然大家都这么做着，可是对于每一对情侣而言，自己也是自己生活中的主角，需要一点特别的心情和期待，把这件事变成他们独有的仪式。

在有生活底色的人生里，我们需要有取舍，有喜好，有期待，也有失控。我们需要为了一些东西而放弃另一些东西，而这些统统被称为“活力”。

曾经有一篇文章说过，为什么“作”的女人更讨人喜欢，因为她们的“作”在一定的程度范围内是活力的标的。

理智固然是个好东西，但是如果一个人只剩下理智，那也很可怕。

一个善于给生活增加色彩，增加意外惊喜的有活力的人，在单调的日子里，也能显得更有情趣。

后来，那个男士一直在这个帖子里更新着，这次恋爱的打击似乎让他明白了一些生活道理，他辞掉了工作，学了插花、茶艺，徒步旅行，过上了一种和原来完全不一样的生活。

在帖子的最后，他终于明白了，原来，标配的人生并非不值得过，而是标配的人生始终只是外在的表现形式，而热爱生活的每个细节才是生活的本质。

很早以前在一本书中看到一个心理测试：有一个孩子问她妈妈，如果有三个男人同时追求你，一个每天给你送花，一个每天请你吃饭，一个什么也不做，只是偶尔下班接你回家，你会选择谁作为爱人呢？

她妈妈答：选择爱人吗？那我选送花的那个。

孩子接着问：“如果是这三点统一在一个人身上，但是你们已经结婚了，你希望他去掉哪一项？”

妈妈想了一想，选了不要送花。

孩子接着问，如果还要去掉一项，你希望是什么？

妈妈又想了想，删掉了请吃饭的选项。

孩子伤感地说，妈妈，你选择了第三个人。

当我第一次看到这个故事时，我想到的是在面对生活时，我们每个人都必须现实。

当我成为别人的妻子后，再回头看这个故事时，我忽然觉得，我们的生活是那么的干涩，似乎一直在和那个帖子里的男士一样，用一种惯性活着。

太多的书在教会我们人生不要行差踏错，以至我们都快要为了活着而活着，习惯了在苛刻自我的干涩生活中才能感觉到某种踏实和安全。

生活本来可以偶尔有点惊喜，有点浪漫，有点洒脱，有点起伏的，可是我们已经习惯了它的干涩。

三毛在最后的遗稿之中写了她与荷西在大西洋的小岛上过日子的情境：那时，经济情况拮据，丈夫失业快一年了。我在家中种菜，屋子里插的是一人高的枯枝和芒草，那种东西，艺术品位高，并不差的，我不买花。

后来，经济拮据，荷西买了一束百合，她骂了他一顿。

丈夫死后，她一个人买了一大捧百合，铺满了屋子，怀念他们的爱情。

其实，生活并不是简简单单地过日子，肚子吃饱之余，我们的精神世界也需要更多的色彩，哪怕给爱人一个紧紧的拥抱，或是散步时细细品味途中的风景，都能让我们感觉到每一天都是鲜活的，有朝气、有生命力的，而不是像个机器人一样，不管做什么事情，都当成任务来完成，根本体会不到更多的况味。

※ 每一个爱好都可以成为生活的目标

下班的公交车要路过几个广告牌。

五光十色的壁灯照耀下，是几个小鲜肉精致的面孔。

路过了杨洋、王俊凯、周冬雨、李易峰、陈伟霆、迪丽热巴……

他们在画报里努力微笑着，身后是各自代言的产品标识。他们试图令我相信我真的需要一件这样的产品。

我竟然也觉得这广告并不讨厌，因为他们是明星，所有的明星都把变漂亮当成一件很重要的事情来做。这样即使是广告，也是可以成为一道后现代文化中的风景的。

有部小说写儒家文化中的书生品格与心性写得极好。

隔着文字，我可以想到那个人的侧帽风流、容颜俊美，以及绝代风华和玲珑水晶般的心意。

如果他不够美，这本书就要失色不少了。

无法想象这样的风华与谈吐，配上的是一个并不完美的脸庞。

他的一举一动都是礼仪规范，他的穿着打扮都是时装礼服展。好，就是要那些好到极致的人与器物，才值得被写出来。

逻辑思维里的罗振宇在2016年的跨年演讲里说，明年他要减肥了。他说，即使一个人有敏捷的思维，有丰满的才华，也是要管理自己的长相的。

这些与管理自己的身材、长相也并非是一件悖逆的事情。任何人，把自己收拾得漂亮些、得体些，终究不会错。

我刚开始学着运动的时候，觉得很痛苦。人一旦痛苦起来，眼中看到的一切似乎都在印证着自己的想法——我去的健身房始终空荡荡的，稀稀寥寥的几个人，很多都还是上了年纪的大爷大妈。

上网搜索动作示范，总是一堆黑妹和欧洲女性跳出来，举重若轻地做着那些令我痛苦万分的腹部运动。

越痛苦我就越觉得，我的身体，真的是太缺乏管理了。

我对它实在太坏了，所以它才给我这样的反馈信息。

一个长期健身的朋友和我说：你要把跑步当成一件郑重的事情来做。当你跑步的时候，你要和你的肌肉交流，你要调遣你内心暗示的力量，把跑步变成一种爱好。在这个指导原则下，慢慢地，我能慢跑十几分钟，后来变成三十分钟，再后来变成了一个小时。

一个月后，身心舒畅了很多，减肥反而成为副产品。

有一个萍水相逢的姐姐说起她的邻居，她和我聊天，说独自拉扯两个小孩，喂鸡、喂猪、砍柴、烧火，什么都是一个人做，几十年都是如此。

苦是苦的，但她微笑，也没有什么好的改变方法，“这些都是没有办法的事呀，家里没有人管，我就不得不做”。

很多家庭，女人都有职业，在单位里，并无人因为她是一个女人而照顾半点；回到家，承担几乎全部的家务。

我爸天生不会说好话，冷冰冰的铁板一块。过了更年期，我妈就像没更好一样，时常歇斯底里，用很严重的话来侮辱家人，发泄完后，又若无其事，仍然积极地买菜做饭洗碗，什么活儿都是抢着干，把家弄得整洁舒适。

这些都是没有办法的事。她们很少敬畏自己内心真正的想法。所以，每一件事做得都极无奈，到最后自己诸多抱怨，也不讨家人的好。

她们很难让自己身心愉悦地投入一件事件中，对待每一件事都像敷衍，少了许多乐趣。

女伴说：“我发现你有好多爱好，而我发现我好像什么都不喜欢搞，也搞不好。我从来没有做一件事情做完了感觉很开心，很满足的。生小孩也差点抑郁。我真的越来越觉得我们不合适，只是因为孩子捆绑在一起。我们真的是分开惯了，也许有一天再遇到合适的，我们也就到头了。我觉得我一直以来就是个保姆，不晓得这样的日子有什么意思……”

我说，如果你能够有许多爱好和兴趣，并期待与这些事情相会，你就能变得更好——绘画、养花、写字、读书、逛博物馆、学做菜，做一个手工艺人，不管是什么爱好，都会为你的生活注入阳光和色彩。

如果生活注定是琐碎的，我们就不能去违背这样显而易见的常识。我可以顺应人性基因之中自带着的那些对美好的渴望和向往，因为人首先是自己，然后才是女儿、妻子和母亲。

这世界上总有些道理是无关是非的。

沉浸在这些爱好当中，只是沉浸，不期望会有结果，这样你就会获得某种平静的快乐。

※ 往后余生，请爱自己多过爱别人

有段时间，我都在单曲循环播放蔡依林的 ***I'm Not Yours***，因为这首歌的 MV 和歌词都又酷又飒。可是在 YouTube 上，一个美国人看到歌词里的 GRLS 时纠正说“girls”不是这么拼的，单词少了个“i”。其实这个美国人没有懂这首歌歌词的真正含义，它描述的是 girls 在爱情里迷失了自我，所以才会缺失字母“i”。

其实现实生活中，总是从感性出发的女人不仅容易在爱情中失去自我，在工作、生活、感情中也是，很多时候看似考虑得滴水不漏，却唯独忘了自己。

女友小优的经历，很能说明这个问题。大学毕业后，为了支持家境贫寒的男朋友继续读研，她主动找工作，负担两人的开销。研究生毕业之后，男朋友又要读博，本来打算读研的小优，又继续支持他念完了博士。博士毕业后的男朋友找到了更好的工作，一开始男朋友对小优还挺感激的。可惜没过多久，男朋友就觉得，他们没有多少共同话题，平时聊天也很难聊到一起去，就这样，爱了他差不多十年的小优“被分手”了。

其实，小优最大的问题，就在于，她爱别人，多过爱自己。真正意义上的情感，需要的是互相吸引，而不是一味地感动和为对方付出。

朋友小雨说过，她曾经也是优柔寡断、没有自我，每一件人生大事都是被爸妈裹挟着推着走，她自己竟然一点也不敢反抗。

我问她为什么要这么做，她回答说，因为她觉得父母太辛苦，她爱父母，所以不想让他们伤心。

高中文理分科时，本来擅长文科的小雨，却在父母的情感绑架中不得不选择了理工科，她觉得，这样就能令父母开心了吧。

高考志愿，小雨乖巧地选择了一个父母都觉得有着前途光明的医学专业，但读书期间，她完全没有办法认真投入这些东西。靠着一点机灵劲和临时抱佛脚的运气，小雨还是有惊无险地毕业了。

可惜，毕业实习又成了问题。原来学医的实操，要求胆大心细的性格，并不像念书时只把那些东西背下来就行。实习期间，小雨却发现自己胆小又迷糊，总是时不时就犯错，其他专业犯点错，或许还有补救措施，但是医学专业却是零容错率的。一个错误的剂量、一块遗漏的纱布就能要人命。

就这样，小雨硬着头皮做着这些事，每天睁开眼她就提心吊胆，时常在我们这些朋友面前崩溃大哭，想起这些事情，她就会失眠到天亮。在大学期间，小雨还能不断地说服自己将就下去，或许某一天就习惯了，就释怀了。可实际上一直将就的人生总有无法再将就的时候，拿到毕业证回家之后，她曾向爸妈提出不想当医生，结果父母当即对她拉下脸，觉得她太过令人失望，不知他们的良苦用心。

他们质问小雨，为什么别人都可以做到而只有她不行。那段时间，小雨痛苦又脆弱，一向要强的她开始相信自己真的糟糕透了，她爱他们，却又让他们失望了。

她陷入了严重的自我怀疑和道德困境里，她的生活里只有父母的需求，而缺乏自己。

明明身体想逃离，却又对父母的期待感到困惑，小雨只好一面胆战心惊地做医生，一面又偷偷去看心理医生，她白天给病人开药，晚上又给自己灌药。

这样来回拉扯了一段时间，小雨终于崩溃了。在心理医生的帮助下，她决定听从自己内心的需求。恰好她有个闺密要办婚礼，她便去闺密家住了一段时间，两人共同生活时，小雨开心地为闺密做了一个马卡龙，闺密尝过之后，真心实意地夸小雨做得不错，还问小雨为什么不尝试去开一个甜品店呢，她觉得，小雨在经营甜品上，比做医生有天赋多啦。

在那一刻，小雨的自我意识突然觉醒，她意识到自己也是有闪光点的。可长期以来，她都是父母的影子。父母规定她报什么兴趣班，她就报什么兴趣班；父母规定她应该穿什么衣服，她就穿什么；父母喜欢她做什么，她就做什么。她以为扮演好“乖孩子”这个角色，就可以一直获得爸妈的喜爱，她却忘了在爸妈安排好的事情里努力，却唯独失去了真正的自己。

决心转变的小雨像是变了一个人，她没有告知父母便直接向医院提出辞职，自己在家做手工蛋糕。她在朋友圈发展业务，一开始是半卖半送，慢慢做出口碑，有了稳定客源后，她开始发展新品，慢慢地竟然有不少回头客。后来碰上中秋、圣诞之类的节日，订单更是多得忙不过来。

找准适合自己方向的小雨，这一次在工作上终于得心应手了。她替爸妈买好保险，他们做手术她可以陪床，他们旅游她可以出钱还当伴，小雨忽然明白，表达爱意的方式有很多种，就是爱父母之前，也必须先是爱自己。不能以爱的名义捆绑自己，自己也不应该被不正确的爱牵绊住，很多时候，她都只记得周全别人，却忘记了，只有人格独立，才有爱的能力。

其实说到底，很多人做不了 girls，只能做 GRLS，就是无法人格独立，缺乏胆识和魄力，意识上太依附于别人，整天围着别人而活，却又因为盲目、优柔寡断而活不出什么名堂，因为凡事考虑周全，活得多累。

很多时候，当朋友来问我该不该分手或者辞职、出国，要不要因为男友的软磨硬泡而让关系进一步之类的问题时，我只会帮他们分析利弊，却不会替他们做抉择，因为我很清楚，人生是他们的，其他任何人都是置身事外。

独立的前提，首先就是要有独立思考和独立判断的能力。

懂得听懂自己需求的人，才能厘清他们与这个世界的关系。在没有人可以依赖的前提下，拥有自爱能力的人，更有勇气面对未知的艰难，并在两难的困境时靠自己判断，找出那条该走的路。

所以当因为别人而感到为难时，会因别人的安排感到痛苦时，请先倾听一下自己的内心，要知道，我们是为自己而活，自己的人生本就不该交给别人指手画脚，要明白如果他们干涉错误，从不需要为自己的错误埋单，而你却要承担这件事的全部后果。

在做决定时，我们不要因为考虑别人而狼狈又为难。

任何时候，爱自己更多一点，做个清醒自我的 girl，才会拥有爱的主动权。

※ 深度自由的前提，是承受主动改变的痛苦

朋友萧萧，读书的时候懒懒散散，工作之后也是一副得过且过的姿态。某天她又一次抱怨工作太累时，男朋友拍着胸脯保证：“如果你觉得太累，那你辞掉那份破工作吧，反正我养得起你。作为一个男人，这也是应该的。”

听了这句话的萧萧十分感动，她觉得，这就是网上很多女性所期待的“我貌美如花，你赚钱养家”的真实写照。怀着对未来憧憬的萧萧非常开心，第二天就真的辞掉了工作，天天研究如何煲汤、如何做美容，觉得自己好幸福。

这样的生活还没过多久，男朋友就提出了分手的要求。原来，男朋友喜欢上了和他在同一个公司的工作搭档。当萧萧披头散发地用高跟鞋砸着那个女孩时，男朋友却把她推倒在地上，指着她骂：“你连那只鞋都是我出钱买的，没有我，你早喝西北风了，你

管得着我吗？”

再后来，萧萧想回到他们的出租屋的时候，发现连门锁都换了。

萧萧回忆起她和男朋友相处的点滴，想到自己前几个月还在和他选婚纱、发请柬，现在却只能被扫地出门。而自己仅有的工作经验和身上的余钱，连租一个像样的房子都不够。

她站在12月的冷空气中流了很多泪，也被周围的一圈人看了笑话，这样痛定思痛之后，她反而有了一种置之死地而后生的勇气。她现在也不在乎自己的工作体不体面累不累了。她必须得靠自己的劳动来养活自己，靠自己的努力生活下去。她换了个城市重新开始，不介意住公共宿舍，不介意干那种大家都不愿意干的事情，她工作非常努力，努力到连领导都讶异，领导说，他从来没看过，像萧萧这么用力的员工，第五年，萧萧靠自己的努力，成为某区域负责人，她身上重新焕发了自信的光彩，三十五岁的她，竟然比二十六岁时的追求者还要多。当她靠着自己的努力去获得了一定限度上的财务自由时，回想起当初那个打算靠男人养活的自己，她觉得那个人简直天真得可笑。

当然，她并非是笑自己那个靠男人养活的念头，她更是笑自己竟然敢轻易地将自己漫长的未来交付到一个随时都可能会产生变化的人手里。

我观察过很多女性，如果她们自己很有成就，当别人提到她们时，前面就是她们自己的奋斗历程和她们自己闯下来的相关头衔。而那种依附于别人的女性，就只能有一个某夫人的称谓了。

我的一个女伴跟我说，虽然有很多书、很多公众号都鼓吹插花、健身等，但是，一个女人只有参与社会劳动才能获得真正意义上的自由。波伏娃也说过，这条路会很辛苦。

健身、插花这些只是锦上添花，而社会劳动深度思考是提升自己附加值的必要行为。

主动改变自己，是磨掉自己的安全感，拿开麻痹自己的认知的遮羞布。这样的蜕变很痛苦，这才是让人拥有先发优势的关键因素。一个真正意义上成熟的人，必须靠自己完成深度思考，必须靠自己去反复实践，有了这样的前提，才有核心技能，那时，才能有真正意义上的自由。

你怕痛，怕苦，找借口打发自己、自己欺骗自己，心安理得地安于现状。于是你轻松，你惬意，你早早享受，你放弃蜕变自己，当然也就别怪那些人瞧不起你，慢慢离开你。

有个作家朋友一针见血地指出过，人是靠优点活着的，而磨砺优点，就像河蚌磨砺珍珠的过程，必须主动动脑，用心思考，这样才有可能获得相对的轻松。

年轻的时候就贪图安逸的人，有那么一两年的轻松愉悦，其实就是自己给自己挖坑。别在用漫长的后半生去兑付那些痛苦的时候，才问为什么只有自己活得那么狼狈？因为你已经早早透支了那些轻松。当你因为度过那些自我放纵的前半生而需要后半生来承兑的时候，别觉得委屈，别觉得不公，人生哪有随心所欲轻而易举的说法，只有承受了痛，才能得到相应的甜，只有自己在人后足够忍痛含泪，才能在人前姿态轻盈。

起点低，其实并没有那么可怕。人生是一场漫长的竞赛。可怕的是，有的人会躺在低起点上自我安慰，有些人会想办法寻求突破。早点接受某些不能改变的现实，去寻求解决问题的方法，小问题才不会变成大问题，小病才不会变成癌症。

所以永远也不要只看到表象，却看不见事情的底层逻辑。没有不付出的收获，哪怕就是“富二代”，也是因为人家的父辈比你们的父辈更努力。真正的蜕变都是带着痛和泪的，破茧成蝶，要挣脱掉很多层很多层皮，才能迎来新生。

每每我们自以为聪明，自以为占到了生活的便宜时，背后常常存在着更大的风险和隐患；我们自以为得到了不需要支付成本的物质满足，也许在未来会付出更大的代价。

迎难而上，不是傻，而是为了获得那份有分量的自由。

这个世界，没有人能随随便便成功。

跨出这一步，很难。但是真正迈过去之后，得到的才是不空虚的轻松感。

※ 当爱已成往事，戒不掉的是其中的细节

手机上看了一本言情小说，男主角和女主角因为一些不可抗拒的原因分开后，各自独自生活了很多年。

中途女主角搬了好几次家，与男主角相关的一些东西慢慢都遗失了，后来某一天的午后，她无意中打开一本书，看到了一件迎风摇摆的白衬衫，仔细辨认，那挂着衬衫的背景竟然是她曾经住过的宿舍楼。

她不知道他是什么时候拍下来这个场景的，她的确曾经为他洗过衣服，没想到他竟然铭记在心里。她不知道他是什么时候把这张照片夹在书里的，也许是为了给她一个惊喜。

她忽然想起来，其实在他们交往的过程中，对方一直都是这样细心的。那时候他非常喜欢摄影，喜欢用这样的方式来记录彼此的爱情细节——只不过，那时候她沉浸在他给的爱情习惯里，

忽视了这些东西。

当她在岁月里再次遇见这些时，过去的一切，突然如同一幅画卷一样，一帧一帧在眼前展开，至此她才知道，原来这些美好从来都没有从生命中消逝过，一直都生长在她心底。

其实，一切美好的事物，都需要很多踏实的细节组成。

如果人生更多的是错位，在美好被现实冷硬地撞碎后那些注定的分离里，我们和爱人这种纯粹的美好，就是我们在冰冷中的慰藉，是我们前进的动力。

因为这样的纯粹是如此稀少，以至在日后的岁月里，才会成为精神仪式般的祭典。

另一个关于习惯的故事，是和考验有关的。有个女孩子总是喜欢考验自己的对象。起因是她不是太爱这个男士，总是觉得自己是勉为其难才答应对方的。因此，她在两个人的爱情里像个高高在上的公主。

明明下雨，还要对方冒雨出去给自己买早餐。明明是酷暑天气，还要求对方去给自己买雪糕。她生日的时候，一定要按她要求的规矩来进行生日典礼，一旦对方做的有一点不对，她就会生气。她把这些统称为对对方的“考验”。

她男朋友一直都很宠她，在她的这些考验里，每一次都尽量做到最好，甚至到了这个女孩子闺密都看不下去的地步，闺密告诉她，如果她继续这样下去，真正分手了，伤害的是自己。

这个女生并没有把闺密的话太放在心上，她觉得自己这样做有什么不妥呢？反正自己也不算太爱对方，分手了就分手了吧。

这个男生坚持了两年后，女生的任性终于把他的耐心磨得一干二净。在他离开后，这个女生忽然发现，过度的宠爱已经让自己变得没有什么生活能力，似乎这个男生的影子已经渗透到她每一个生活细节和人生习惯里。

对方已经变成了爱情里她不能戒掉的瘾，他存在的时候，每一个细节都是爱的证明，他离开后，每一个细节都变成了伤感的回忆。

某一天，在知乎上看到一个人说：

有一段时间，习惯了穿球鞋，因为工作关系，某一天必须穿高跟鞋。突然换了双高跟鞋，穿了一整天之后，发现自己脚痛得不行。原来一直都不起眼的平底鞋，就像那些美好的习惯一样，舒适到让人没办法忽略。

她说，那一刻她忽然明白了，为什么很多作家喜欢把爱情比喻成鞋子，因为高跟鞋的光鲜亮丽虽然可以给人生带来某些闪耀的时刻，但是与我们相伴最久的，令我们感觉到最舒适的，始终还是平底鞋。

因为它们太普通，所以常常被我们忽略，但是这种普通的美好，就像我们的生活仪式一样，是我们戒不掉的那个部分。

有一个生活非常浪漫的女闺密，每次给她老公写邮件的时候，都喜欢用“爱你如盐”这四个字，这几个字已经成为他们之间独有的暗号。

鉴于她对生活有很多点石成金的奇思妙想，我就抽了个时间问她，这四个字到底有什么与众不同的意义。

她笑着告诉我，其实，盐才是百味之王，如果菜系之中没有盐，做出来的东西就会寡淡无味。爱你如盐，她这样说，是为了告诉对方，真正的爱是潜移默化的，不会对爱人的生活有过分的入侵感，它是生活中那些不经意的美好，隐藏在人的日常生活里。

有个作家曾经说过，生活是把所有的细节都摆平。就是这些琐碎到不能再琐碎的事，细致到不能再细致的习惯，最终构成了我们生活的全部。

任何细小的习惯都能让爱情成“贞”，只要它足够美好，就会渗入对方的内心，成为对方戒不了的甜。

我们和家人经年累月地生活在一起，什么是爱，其实已经说不清楚。怎样才算是爱，对每个人而言，都有自己独特的性质和独特的表现形态，不能一概而论。

但自己的快乐和幸福却是能感知到的，是温情还是冷酷，需要从每一天的相处，每一次的交谈，每一件小事的磨合之中细细来体会。

多年后回顾，我们能记住的美好，就是那些爱的细节，是这样的一个个片段，组成了我们的人生故事。

有人曾经说过，最让人难以戒掉的爱情，就是你已经成为对方的人生习惯。即当感情已经走过了热烈燃烧的阶段，却没有变成一堆灰烬，而是在平淡的表面下暗藏温度。

做好每一处细节，爱情就会像一篇经过考证的论文，每一处注脚都能有迹可循。更好的爱情、更好的自己，都在蔷薇细嗅之中。

※ 读书，是这个世界上门槛最低的高贵

前几天听一个朋友吐槽，说他参加大学同学聚会回来，心里颇不痛快，因为很多同学都混得人模人样，个个有房有车不说，事业发展得还挺顺利，这么一比较下来，没房没车没事业的他，感觉自己浑身灰不溜秋的，哪哪都不如别人。

朋友还跟我感叹：“那些混得不错的人，家里条件都挺好的，有的借助父母的人脉进了大公司，还有的直接拿家里的钱开公司，哪像我们这些草根呀，先天就发育不良，要啥啥没有，自然就被别人远远地甩在背后了。”

朋友的话乍听起来，确实有些道理，但也不全对。在这个世界上，绝大多数人都是普通人，我们或许没有良好的家世做依靠，也没有雄厚的资源为己所用，但我们还有一条路可以走，那就是读书。

读书几乎是没有门槛的，只要你眼睛不瞎，认识字，你就可

以通过阅读来提升自己。自古以来，阅读就被人们认为是获取知识的主要途径，北宋文学家欧阳修就曾说过：“立身以立学为先，立学以读书为本。”

有专家曾对美国850所普通学校在校学生进行过一项调查，调查结果表明，经常从图书馆借阅书籍的学生，在国家举行的相关标准测试中的成绩总是高于平均水平的。从这项调查中，我们不难发现，读书确实能增加人的知识和智慧，特别是阅读印刷的文字读物，更容易被人领会，给大脑打下的烙印也更深。

知识就是力量，所以，越是出生于草根家庭的人，越是要多读好书，你读的书越多，越广泛，你就越是有机会改变自己的命运。

阅读是滋养一个人精神、思想、灵魂和心灵的肥沃土壤，在广泛的阅读中，我们可以用学识丰富见识，用思想构筑人性，用理性强大内心。

当然，读书不一定能让你发财，也不一定能让你把同龄人甩在身后，但读书一定能增强你的知识储备，提升你的专业技能，拓宽你的眼界，丰富你的内心。

通过阅读好书，你对世界的认知会更加清晰，你对人性的洞察也会愈加深刻，而你本人也会更有书香气质，从内到外都散发出一种不同于常人的典雅和高贵，恰如晚清名臣曾国藩所说的：“书味深者，面自粹润。”

央视的一档女性节目曾经报道了一位喜欢读书、很有生活情趣的农村妇女：

一个最普通不过的中年农妇，她每天相夫教子，种地养畜，洗衣煮饭，没事时也打打麻将。但她最大的爱好是读书，她在各家书店、各个地摊上淘来各种书籍，闲暇之余，她会搬来椅子，独自一人在自己的坪地上一边晒太阳一边读书。

她说，是读书改变了她的生活方式。

只有初中文凭的她向来是个爱看书的人，上小学的时候，她就经常央求村里的一些哥哥姐姐借书给她看，她最喜欢外国文学，什么《飘》《简·爱》《红与黑》，她都看过。结婚之后，生活的重担让她不堪重负。她与丈夫二人养育了三个子女，并一一供他们上了大学。

原本，她以为自己的生活会像农村其他妇女一样，就这样平淡无奇地过去。直到有一天，她遇到了一位儿时的闺密。那位好友上过大学，整个人的气质非常好。两人身份上有着巨大的差别，但儿时的感情还是让她们无话不说。在谈到自己的生活时，这位农妇一股脑儿地向朋友倾诉了自己心中的委屈。

而闺密在听完她的苦恼之后，淡淡地说了一句："你以前不是一直很喜欢读书吗？现在为什么不读了呢？你要知道呀，读书不一定要在学校里，只要有书，在哪儿都一样的呀！"

一语惊醒梦中人，闺密的话让她彻底醒悟：是呀，以前读书的时候我觉得生活特别有意思、有情趣，现在我觉得生活没意思了，为什么不继续读书呢？

于是，她重新捡起了自己当年的爱好。

而阅读渐渐地也给她带来了非常多的变化。她变得更有自我、更加有情调了。她把自己家里养的小狗、小猫、小鸡当宠物来养，每天还给它们按时洗澡；她喜欢穿衣打扮，追逐时尚，每天换三次衣服，于是得了个绰号“三换”。

她观念超前，在种地养畜之余，做起了大蒜、菠菜、棉花等农产品生意，而且还做期货，小日子过得红红火火，丝毫不比一般城市人差；她有着和别的农妇不一样的梦想，她想去西藏。她还在网络上开博客写诗歌。

生活中再平常不过的物品，在她充满诗意的眼中都有了非比寻常的意义，小猫、小鱼、小青蛙甚至摊放在床上的衣物，都成了她丰富的创作题材。

后来她总结说，是读书让她把最普通的生活过成了一首诗。

作家王小波说过：“一个人只有今生今世是不够的，他还应当有诗意的世界。”我想，故事中的农妇是丝毫不差地践行了这句话，阅读不仅让她拥有一个充满诗情画意的精神世界，也指导她将每一天的凡俗生活过得丰富多彩。

读书，是这个世界上门槛最低的高贵，也是草根一族人生进阶的最佳途径。

然而，在这个信息爆炸的时代，很多年轻人都留恋网络，喜欢吸收碎片化信息。但我想说，碎片化信息并不能给人以真正的营养，只有回归书本，进行系统化的阅读，你才能构建一个宏观框架，并最终实现人生的飞跃。

※ 真正的高级，都是面子光鲜，内里精致的

知乎上有一个问题引发了我的关注：为什么有的人从来都不发朋友圈？

在这个问题下面，有很多回答，大多是正向的，关于心灵自愈，关于内心自我满足的，关于不需要向外界寻求认同感的，关于注重自己隐私的。

有一个答主给出了一个反向的回答。

她说，她朋友圈有一个女生，很符合现在“内分泌女文青”的某些标准：她几乎是什么鸡毛蒜皮的小事都要往朋友圈里发，剪了头发，买了新衣服，看见什么花花草草，每一个图片都配上一句从网上搜罗到的很文艺的句子，全方位多角度地展示了自己假想中的生活状态。

她说，那个女生明明现实里是很胖很宅乱糟糟一个人，可是

在网上装高大上的文艺女青年装得极像，导致自己每次都想把她删掉，却又忍不住还想看看她背后到底还有多少戏。

与此同时，网上又出现了两个类似的新闻，一个是某女性穷游墨西哥突然失踪，疑似是遭遇了被绑架/杀害等一系列可以展开无限想象的恶性事件。

另一个是一个女孩向大家咨询，问她可不可以一个人出国旅游，下面的网友几乎是苦口婆心地劝她一定要注意安全，千万不要只身闯天涯。

类似于上面的案例，我已经听过不少。

每一次关于此类事件的热议，这些人粉饰出来的“高级感”“文化追求”都要被拉出来嘲讽一番。

似乎在商业的引导下，所谓的高级生活，特立独行往往只是一个假象，是包装的需要，他们沦为了赚钱的机器，是自我感动下制造出来的产品，无力自主引导着那些没有思考能力的人。

其实，走这样路线的，只是伪高级。

真正的高级感，一定如春风一样和煦。

真正的美好，也绝不会束缚人前进的脚步。

一个人如果没有强大的理智与自我保护能力，任何诗与远方的美好都只能存在于想象中。

甚至，极有可能和第一个故事中出现的那个人一样，自我感觉良好，但是别人却把她当成笑料。

而高级的美，往往都需要情商、智商来为自己保驾护航，才会赢得真正的尊重。

这个世界上，很少有不爱名与利的人，假想中的自己，梦里出现过的荣光，都是一个人奋斗的原动力。

高级的活法，一定不会执着于一顿饭的摆拍，某个动作上的搔首弄姿，某一件衣服的质地。

她们冷静。对于外界的声音，她们能清晰地分辨到底应不应该在意，到底值不值得影响自己的生活。

她们善良。她们很懂得善良是美的高级表现形式。一个女人，其他方面再好，也不能失掉善良这项可贵的品质。

她们独立。一个精神独立的女人甚至敢于从一个全职太太起步，因为她的精神是完整的，她的人格是健全的，她可以应付所有的挫折，不会被生活的变故打败。

她的光彩让同性都为之仰慕，因为她树立了所有女性都应该效仿的榜样和标杆。

她们坦诚。一个人，不惧怕暴露自己的弱点，就是因为她们还有自省的能力，也有付出爱的能力。人即使能骗过所有的人，最终却还需要对自己的内心保持诚实。即使她们明白，男人常常用美德给女人洗脑，只是因为他们喜欢好控制的女人。精神独立的女人，常常是能屈能伸的，她们可以选择为自己而活，也不畏惧投入一段婚姻。

修炼的最终目的，就是把生活还给生活，让自己做自己。

最高级的活法，如同美而不自知的活法一样。

不会被某些范式和浅层次的标准束缚，因为她们深深知道，不真实的，就永远难有真魅力。

有一句流行语说得很好：“当你看到某些事时，你觉得那是在装逼，却不知道，那不过是别人的正常生活而已。”

活得高级的女人，既有那种原始的野性与活力，也有现代的开放与矜持。她们需要面子上的光鲜，如同《我的前半生》里袁泉扮演的唐晶一样，靓丽的装扮，精致的生活，雷厉风行的行事风格，永远都不是为了取悦他人而存在。

最高级的活法，也不会放弃内在的修炼。在受到伤害时，唐晶也不曾失态，因为她所做的一切都只是为了自己活得更高级，而不仅仅局限于得到一个男人的忠诚。

一个人，光有锦绣皮囊，没有内里乾坤，很难获得持久的欣赏与真正的尊重。我们应该深深明白的是，外在的东西越美丽，常常就越需要强大的自省能力与分辨能力。因为越美的东西，往往就越脆弱。

男人很容易爱女人的皮囊，里子的精致带来的是一颗七窍玲珑心，会避免你被狂蜂浪蝶消费，在凶险的人生中为你一路护航。

※ 比起人见人爱，更需要拥有被讨厌的勇气

之前与人合租时，我认识了室友的妹妹琴琴，她是个活泼大方的姑娘，标准的社会新人，朋友圈里只有对未来向往的美好。不管别人和她说什么，她总是笑嘻嘻的，请她帮忙做什么，也是答“好呀”。这样“小太阳”的性格大概很容易人见人爱，所以她总是无时无刻捧着手机，每天交际不停：今天帮忙跑腿办事，明天哪怕不舒服也强撑着去活跃气氛，大后天半夜回来说是送醉酒的朋友们去酒店，问不能别人送吗，琴琴一脸无奈“没办法呀，他们都喝醉了，只有我能结账打车”。

等找了个新工作，因为太忙，公司不许周末休息，琴琴每天早上六点起，大半夜十二点才回来，哪怕有时候晚十点就回来，也要努力赶上最后一班地铁，免得今天大半的工资交给出租车，甚至有一次她在下地铁后还遇到了尾随。而这个业务非常繁忙的

公司竟还拖欠工资，在这种情况下，琴琴部门的人陆续辞职，而她却在主管的“好言相劝”下坚持了下来。

在那段时间，作息颠倒的我经常在凌晨几点里刷到她在朋友圈的更新，可等我再一刷时，更新就已经被她删除了。

后来，琴琴在我们的要求下第一次提出了离职，没想到那位主管把她大骂了一顿，骂她不负责、骂她是白眼狼、骂她不会吃苦，骂她那种学历压根儿是进不了公司的，想着给个机会好心留下来，结果半途而废，而琴琴竟然傻兮兮地对着主管说“对不起，我不辞了”。

我们一群人听闻过后气得半死，为她出谋划策，才让她摆脱了那份烂工作。

后来，我曾想过琴琴为什么会有这样的心理，除却社会新人在一线城市求职的强烈诉求，还有很大一部分是因为琴琴本身。她胆怯、脆弱、敏感，凡事先自省，拼命讨好周遭的人事物，以为这样就能获得对方的喜爱，这样才会拥有一些存在感和安全感。

但是存在感和安全感是靠自己实力去挣的，而不是靠别人给的。

而在讨好、努力做到人见人爱的背后，隐藏的是不自信的自己。因为不自信而卑微，怕对方瞧不起也不喜欢这样的自己，才会那么费尽心力地、不停地从自身交付出去一些东西，以换求对方的片刻开心而不被讨厌。

讨好父母，所以努力做好学生。讨好老师，所以频繁举手回答问题。讨好上司，所以扛下不属于自己的过错。讨好领导，不会喝酒也在对方的游说下灌下一杯酒。讨好同事，明明内向，还要想方设法找话题去合群。讨好朋友，不能吃辣，还忍着肚子痛吃火锅。讨好情侣，坐“红眼航班”到他的城市为他过生日，第二天又风尘仆仆地赶回来。

因为知道做了这些，对方就会高兴，怕不这么做，自己会被讨厌，会被愧疚和犯错的情绪包围，所以哪怕辛苦自己，哪怕很辗转才能办到，也一定要办到。他们被“对不起”和“被讨厌”裹挟，做过那么多让别人高兴的事，却唯独忘记让自己的心情高兴一点。

有的人会说：“啊，比起不被人讨厌，自己这点辛苦算得了什么呢。”可是，这样把自己放到低入尘埃位置的你，很对不起你自己呀!

在现实中，能被这个想法裹挟的人，或许别人一个无意识的行为，他继而能浮想联翩，感官接收到的任何讯息，他们都会在心里放大数倍，他们把安全感和存在感交付在别人手上，也就意味着他们更容易被满足，也更容易被伤害、被欺骗、被冷漠、被抛弃，更容易受到被致命打击。

我们不是要做这样的人。

微博上说，小S喝醉了在林志玲婚礼上发疯，跟林志玲的老公解释说我不是要闹场只是想让气氛更好一点。林志玲的老公回：“人生不需要做这么辛苦的事。”

说得多好哇，人生不需要做这么辛苦的事，因为活着本身就是一件很辛苦的事了。人生有那么多的无可奈何，有那么多的不得已，已经难成如此，如果并非必须，我们可以暂时放过自己。

有一次，我把举着话筒故意乱唱《山路十八弯》的琴琴按下去，让她坐在沙发上吃水果：“你也很累吧，我们不需要你这样暖场。”那天晚上，琴琴坐在沙发上一直没怎么说话，回去后，她给我发了一条微信，说她其实也不喜欢这样的自己，可是她总是这样做。

我回答说：你可以做个温柔的人，是温柔而不是讨巧。

温柔是平等对待人事物的方式。而讨巧并不是。

我们要明白，自卑一定是悲剧，讨好别人不是义务，别人不快乐也不是自己的责任，要拥有被某部分人讨厌的勇气。但是让自己做个温柔的、动人的、自身能吸引人的人，才是努力的方向。

我也喜欢小 S，并且我相信，众多喜欢小 S 的人，比起喜欢她在婚姻里那么强撑的模样，会更喜欢那个自我的、张扬的小 S。在综艺节目里，她只要坐在那里，就足够让众多喜欢她的人向她聚拢而去，这样存在的她，远比那个想方设法去讨好公婆和老公、咬牙一定要生个儿子的小 S 更动人。

这一点，林志玲就做到了。每一年，她都会被无数人催婚，不管是亲人、媒体，还是亿万网友，这已经成为一个热门话题。可林志玲不管社会舆论，不管他人目光，还是坚持着自己的步调和原则，保持身材、拍戏度假、不急不慌慢慢挑选，结婚时，她已经四十四岁。

结婚的理由不是真的大龄了、耗不下去了，而是“看见了爱情的模样”了。因为她“一直坚信，只要我努力相信爱情，爱情有一天会眷顾于我”。她一直在做自己，而后等到了他。

在婚礼上，大家让他们快生小孩，林志玲的老公温柔地说“她其实就是我的小孩”。

他不是在讨好，而是从心底发出的温柔和疼惜。

不自卑、不讨巧却温柔地对待人事物，这样的人也被人平等地温柔以待。

※ 你还觉得努力为时尚早？其实为时已晚

张爱玲说过一句话："出名要趁早。"在我看来，这句话的潜台词就是努力要趁早。

努力是因，是前提；出名是果，是结局。

我们都知道《伤仲永》。像方仲永这样的神童，也会因为父亲不让他学习只当作造钱工具而最终泯然于众。更何况，大多数人的资质平平无奇，倘若还不趁早努力，只会更加中庸。

要多早？

书店和网上充斥着各种开发智力的幼儿辅导书，街边的各种早教班打出的口号都是"不要让孩子输在起跑线上"，家长拼死拼活也要买好学校附近的学区房，老师会走访多个小学挑选各项运动的好苗子，七岁才去学钢琴的孩子已经是大龄。这或许是因为各位老师、家长用自己小半生的经验和认知换来这样一个残忍却现实的真相——从人出生的那一刻起，从会呼吸、会思考的那一刻起，就必须开始努力。

在一个故事里，普鲁士国王率领军队将邻国打得大败，王子万分后悔自己当时没有强烈要求去前线，不然也会立功。有一位大臣连忙安慰他，说："这怪不得你的，亲爱的王子，你才十八岁，以后立功的机会还多着呢。""不是这样的。"王子却反问，"那么我还能再有一次十八岁吗？"

没有人能做到永远十八岁，但是能做到拥有自己精彩的十八岁。

我们都知道柯杰在十六岁时已经成为世界围棋冠军，扎克伯格在二十岁时创办了社交网站Facebook，颜宁在三十岁时成为清华最年轻的博导。这就是别人尚且精彩的十六岁，二十岁，三十岁，他们还可以拥有更加璀璨夺目的二十六岁，三十岁，四十岁。

我们没有太多时间允许自己后悔再重来，每个人有且只有一次做人的机会，每一天都是唯一的一天。如果每个人都在尽力奔跑，而你却在轻松小跑，那么两人之间的差距会扩大，强者会更强，而弱者则会一路弱下去，量变积累到一定程度就会引起质变，甚至产生几何级的差异，而这一切只是最初努力程度的连锁反应。

有的人总是得过且过，为自己的懒惰和松散找借口："可是人家吴承恩八十二岁才写完《西游记》，姜子牙人都快入土了才被姬昌重用。瞧，不是所有成功都属于少年成名，也可以是大器晚成，说不定我就属于大器晚成的人。"

可是我们要知道，这些例子会人尽皆知正是因为它们是属于极其少数的，因为少，所以弥足珍贵，所以值得被所有人肯定、称赞甚至尊敬。

年纪尚年轻的时候，都没有获得成功，又如何有信心把希望寄托在更遥远的晚年呢。更何况，我们也并未细细了解他们的生平事迹，也没分析他们所付出多少努力，单从结论出发，太过武断和片面。

而大部分人的出生，根本谈不上拼幸运。倘若真的能拥有能够轻易成功的人生，自然一出生就是赢家，就可以轻易拥有别人的人生巅峰，自然不用等到晚年才获得成功。

所以与其做异想天开的美梦，等到同龄人遥遥把你甩在身后，倒不如收拢心思，趁早努力。

更何况经国内外的心理学家分析，十三岁以前，是记忆力最好的时期，记住的东西往往终身不忘；十三岁至十六岁的记忆力是达到顶峰的，二十五岁左右，人的记忆力首次开始下降。

我们都会发现永远记得在小学时学的一加一等于二，也会发现在读书期间，每天阅读大量的书籍好像并不是太难的事，典故、文献引用总能信手拈来，也习惯了每天背诵课文和单词，做数学课题也能举一反三，可是进入了社会之后，阅读变得零散，记忆力逐步弱化，各方面的效率都变低，想再建立新的知识体系需要花费多倍的时间。

我们在读书期间，大部分的目标且唯一的目标就是好好读书，没有工作压力，没有生活烦恼，身体健康良好，交际圈子也单纯，一切内外因素都那么支持，所以我们可以全身心热忱地投入目标中去。

可随着年龄的递增，各种烦恼和压力纷至沓来。每周单休、加班频繁的工作环境，钩心斗角的人际关系，需要谈恋爱、去结婚、养孩子、还房贷，需要考虑父母的健康和养老，人越长大，肩膀上扛的担子就越重，需要直接面临的问题就越多，各方面的纷纷扰扰，使人的时间精力和情绪都被分割成无数碎块，人的重心被不断拉扯，或许很难再全身心地去做一件事。

在我身边，不断有人会回想象牙塔世界的单纯和美好，他们流连那段时光，会发现学习真的是一件简单却回报率最高的事，甚至会发出真实的感慨："啊，好想再回去上学啊。"

好想再回去上学，虽然是当下的一种逃避心理，但是也是一种后悔心理，潜台词是：这样我可能就……

可能就会更努力地学习，然后会进更好的公司，这样会拥有更多的工资，那么买更大的房子，我就可以拥有更让人艳羡的生活。

可是为什么要等来不及了才懂得后悔，后悔当初的不拼尽全力，不为之努力，只做一条空有蠢蠢欲动的心却没有行动力的咸鱼，眼睁睁地等待着被同龄人抛弃。

更何况这个世界上从来没有一帆风顺的人生，我们总是在不断地试探、不断地走错路之后，才算找到那条正确的途径。

而在这个时候，年轻就是最大的个人财富，也是最大的挥霍资本，它给予我们底气，让我们能有时间去犯错、去走弯路。就像小米的创始人雷军，当初他也在航天部某研究所苦闷地做过一段时间，才投奔到金山软件。

或许有的人想着，既然已经挥霍了这么久，和从起跑线就开始努力的同龄人差距这么大，都已经为时晚矣，又该怎么办呢？

我记得曾有记者采访科比，问他为什么能如此成功。科比反问道：“你知道洛杉矶凌晨四点是什么样子吗？”

记者摇了摇头，诚实地说：“不知道。”

科比说：“满天星星，寥落的灯光，行人很少。”

每天凌晨四点的洛杉矶还在黑暗中，科比就已经行走在寥落灯光的街道上。一天过去，两天过去，十多年过去，凌晨四点的洛杉矶依然在黑暗中，街道的灯光依然寥落，而科比已经成为NBA 最伟大的巨星之一。

“凌晨四点的洛杉矶”代表的正是科比的努力。

而功成名就的科比一定会感谢十年前那个每天都走在凌晨四点洛杉矶街道上的自己，他今天所拥有的一切都是十年前的自己决定的。

是的，我们今天所拥有的一切都是从前的自己决定的，而今后所有的一切是现在的自己决定的，倘若不想在今后后悔“要是当年的自己有努力就好了”，就不要再给自己找借口，只要开始加倍努力，就不会太晚。用加倍努力去练习记忆力，用加倍努力去锻炼思维能力，用加倍努力去突破年龄、环境的限制，要坚信量变积累到一定程度就会引起质变，也要知道今天的你，是接下来的人生中最年轻的你，只要现在努力，或许与优秀的同龄人比为时已晚，又或许与现在的自己比为时不晚。

05

第五章

真正的自由，
通常都是从不自由中来

卢梭说，人是生而自由的，却无往不在枷锁之中。以人性的自由来看，这种枷锁是各种习惯、各种思维定式。假如把生活的自由比作是井中的甘泉，那我们可能要先倒进去一些水才能把甘泉舀出来。

※ 沉浸到好的习惯中不能自拔

《我在故宫修文物》火的时候，我朋友的女儿专门抽时间去拜访了一下王师傅。回来后她说，电影里面美化了好多，我感觉他们真正的日子非常枯燥细致，如果不是拍了电影，估计也没有谁会关注这样的人群，不过，拍了电影，对他们的生活也没有什么太大的影响，因为他们在自己的工匠精神里才是最快乐的。

她说的话，让我想起在公众号里看过一段话：聪明人都有一种大智若愚的智慧，正是这种智慧，往往让他看起来像个大傻子。

的确，人专注于某样东西时，会有一种全身心的沉醉和快乐。表面上看来可能是一种傻气，事实上，全身心地在自己的小宇宙中经营自己的事业，需要强大的智慧和能力，才能有枯坐的底气。

《空谷幽兰》里，比尔·波特写过关于一段道教收弟子的部分——他写，在道教的隐士里，收一个弟子，往往需要考验他们十几年，所以这样的弟子很难找，需要长久的考验才能确定，而大部分弟子都没有这样的毅力。

我父母常说，学什么都不如有一门真正的手艺。后来，我在书上读到一段话，是对《水浒传》另类的解读，大意是这样说的，梁山好汉们散伙之后，那些只会打打杀杀的人，下场都非常悲惨，众多首领下场凄惨，宋江被毒死，卢俊义失足落水而死，吴用、花荣上吊自杀。而擅长模仿字迹的圣手书生萧让，刻章的金大坚，还有学医的安道全，擅长音乐的乐和，摇身一变，重新谋求到自己的位置。

其实这样钻研在一门手艺里的人，现实中常常不起眼，有时候看起来就像个傻子，他们唯一敬畏的东西，大约就是自己的那门手艺。这些手艺，对他们而言，如同生命一样重要。他们在这样的行为里，体悟到了别人体验不到的快感和高潮。

在心理学上，这样的快乐被称为“心流”。

在价值定义上，这样的执着被称为“工匠精神”。

工匠也许不会成为大师，但是却拥有把每一件事做到精益求精的精神。

他们用手、用脑、用心；去像对待艺术品一样对待自己的作品。

我想，是的，每个人最重要面对的人，其实并不是别人，而是自己。工匠精神，是我们面对自己内心的声音时所产生的另一个更高尚的人格，它是我们自我约束时必须面对的超我，这种超我，是使我们追求更高标准的道德人格。

郭德纲的相声中有一次用近乎讲笑话的模式说了一个段子：有几类人一定不能交。比如，打车坐后头的不能交；上洗浴中心脱得比谁都快，穿得比谁都慢的不能交；吃完饭准备结账了，进厕所不出来看人结完账再显影的也不能交；等等。

观众听了快笑岔气了，可是这不正是生活中那些细节所暴露出来的小聪明状吗？

我想，这些“不能交”，不正是小聪明暴露出来的傻吗？这样的东西，天然阻挡了别人想要亲近自己的欲望，消费了别人的信任感，自己堵住了自己的去路。这样的小聪明，即使骗过了别人，也无法骗过自己。

因为我们自己才是我们一生中最重要的观众，即使无人围观，我们也能分裂出另外一个自我，这才是人之为人真正高贵的地方。如果说现实的窘迫令人同情，但是追随内心的声音，严格要求自己，则是我们每个人一生都无法逃避的课题。已逝的李敖大师曾经说过一句话：怕吃苦，吃一辈子；不怕苦，只吃半辈子。

获得幸福并不复杂，幸福是责任、是奉献、远离欲望，它其实很简单。我们不要惧怕做这个爱好里那个钻研的傻子。如果专业技术的丰满细腻呼唤智商的话，而专业精神永远都需要一种忘乎所以的傻子，需要将学习和钻研变成一种人生仪式，在这样的仪式里，数十年如一日地下笨功夫。

我曾经问了一个做了很多年篾匠的前辈，他的生活非常清贫，但是每次看到他，都能感觉到他全身散发出来的那种清癯的温润气质，他手上尽是茧子和划痕，如同被岁月碾过的印记。

我曾问他，你痛苦吗？他说，他痛苦，但是更多的是快乐。因为他一旦将那些编织的器具拿在手里，就如同一个将军挽起自己的长刀，完全沉浸在自己掌控的快乐里，瞬间可以忘却周围的一切。

他说，人比动物而言，最幸福的地方就是我们心中的念力。当一个人为幸福加入过多的条件，如豪宅、香车、美女、地位……你觉得只有补充完整这些必备的条件，幸福感才会更充实，那可就大错特错了。

那些“活得累”的现代人，追其原因就是迷失在各种外在价值之中去体会幸福，并为这种迷失感到焦虑不安，痛苦乏力；盲目地追随着各种流行的东西与观念，生活中总处于一种被动、受驱使的角色。

这样所得到的非但不能体会到幸福感，更容易导致我们心理上的疲惫不堪。心累那就会给健康带来严重影响，离幸福可就更远了。

做一个沉浸在手艺里的笨人，我的快乐是唯一的，那就是精益求精地对待我现在的作品。

我想，或者这就是工匠精神，这就是对专心致志的奖赏，当我们用脑、用心，沉浸在一件事给我们的愉悦当中时，那种日常的琐碎就会变得无足轻重，我们也更容易接近自己真实的灵魂。这种专注的丰盈，才是对抗无聊和空虚最好的解毒剂。

※ 自我和解的前提，是接纳真实

不久前，我在电视上看到了一则新闻：一位陪读妈妈因为孩子临近中考，仍然爱抱着手机不放，不去学习。她情绪崩溃后准备跳海轻生，路人发现后报警，一起把她救上岸。

她觉得，自己为了孩子的学习付出了很多努力，牺牲了很多自己的追求与爱好，却并没有得到相应的回报，她无法接受那个不听话的孩子。

记得我曾经看过一个笑话，有一个小孩因为成绩不好经常被父亲数落，父亲和自己的孩子说："你知道吗，我像你这么大的时候，经常考第一名。"

没想到，儿子回了一句："爸爸，拿破仑像你这么大的时候，已经当上将军了。"

其实，大部分时候，父母在望子成龙的时候，子女们也在

“望父母成凤”。

每个人，都把希望寄托在别人身上，希望能依靠着别人的成功，将自己从现有的生活之中解救出来。

说到底，还是我们这个世界对成功的定义问题。我们总认为只有获得了相应的社会地位、社会价值，才不算“白活”一场，以至于很多人，一生都在与平凡为敌。

我们痛恨那个不成功的自己；我们抱怨那个不成功的孩子；我们埋怨那个不成功的父母。

在网上看到了一组数据，现在的冠心病、高血压甚至脑梗等，这些疾病的发病年龄都提前了，很多 95 后都开始出现各种各样由精神压力带来的疾病。

为什么我们会感到这么大的精神压力？因为我们被时代裹挟着向前，我们从小受到的教育都是资源是有限的，我们必须去和别人竞争，只有世俗意义上功成名就，才能算得上是成功者。

事实上，这个世界上那些功成名就者，始终都是少数人，正因为他们是小部分人，所以才会被媒体大肆宣传。

在网上看到一个成功的作家谈写作时，讲到了自己对创作的规划。她说，第一年写作的时候，给自己订下的目标就是：每天写一百字，在这一年内，要靠写作挣到自己人生中的第一个一百块钱。

年底的时候，她达成了自己的目标。她说，她并不渴望自己靠一部作品来翻身，因为她本来就是个普通人。她把自己定义成普通人来学习这件事，就不会有太大的心理落差，也不会给自己制订超出自己期待的目标。甚至她都没有渴望靠这件事获得成功，只要她比之前的自己进步一点就可以了。

她的经历，让我想起了我们对待成功的态度。从小到大，我们太在乎第一名，太在乎这件事获得的功利效果，而忽视了事情本身。事实上，每个人参与每一件事的性质不一样，目标和结果也不会是完全一样的。有的人享受事情本身，有的人则执着地追求目标，这才是人生的常态。所有人都执着于追求功利的目标，或是所有人都享受事情本身，这都不正常。

真实的状态下，每个人的内心追求一定是千差万别的。

我上小学的时候，老师问我们："你们长大了想做什么？"

有一个孩子回答：想要做像妈妈一样的家庭主妇。老师对她进行了批评和教育，从此以后，她的理想就变成了科学家和工程师。

我们每个人，就这样被教育成要做一个不甘平凡的人中龙凤。

所以，我们往往对自己怀有很高的期望，当我们无法完成这样的期望时，我们就会产生痛苦和自我怀疑。

但我们忘记或忽略了一点：大部分人的人生，大概率上是平凡的。

过于极端的人生状态，只是少部分人才会呈现出来的。

世界上百分之九十的人都是普通人，百分之九的人能有小成，百分之一的人能大成。

所以，对绝大多数人而言，一生平凡是我们最可能出现的结果。

真正意义上的自我接纳、自我和解，就是一个发现并接受“自己很平凡”的过程——终于明白自己能力有限，于是开始接受自己的普通和渺小。

在这个基础上，我们找到了能安放自己理想和自己能为之不停努力的东西。

也许，一个人这辈子最重要的事，就是承认自己是个普通人。

“人生有三次成长：一是发现自己不再是世界的中心的时候；二是发现再怎么努力也无能为力的时候；三是接受自己的平凡并去享受平凡的时候。”

接受平凡，是自我成长的第一步，也是接纳自我，与自我和解的第一步。

有一个叔叔，他儿时的梦想是当一名画家，后来几经努力，但终没成功。但是他却未以此为意，反而成天乐呵呵的。我去他家做客时，看到他的卧室里挂着他自己所绘制的油画，忍不住问他：“放弃了你喜欢的绘画，现在就做一份普通的工作，你后悔吗？不过我看您也不像是后悔的样子。”

叔叔听完，笑着对我说：“一开始肯定是后悔的，但后来释怀了，因为我了解了这个东西需要付出的代价和天赋，所以我明白自己拼尽全力也达不到目标，所以，还不如安安心心做个普通人，把这些东西当成生活中的爱好就好了。”

接着，他说："生活是艺术的基石，勇于承认真实，才是对艺术真正的诚意。"

一个人只有接受了自己的平凡，才能获得内心的通透。

接受了"自己是个普通人"的叔叔，对待生活、对待人生都很宽容。

他说："虽然画画是我的梦想，但是成为功成名就的画家并不是我的梦想。把爱好当爱好，把人生当人生来经营，才是最大的幸福。"

记得穆旦曾经说过："这才知道我全部的努力，只是为了成为一个平凡人。"

我们不必精神紧绷，我们不必对自己那么苛刻，铆足劲儿要成为人上人。接纳自己的平凡，认清这样的真实，才是我们和自己和解的基础。

※ 今天开始自律，明天至少不会更差

交通部门一直三令五申地强调，司机不能开快车，不能超车和抢行。

因为开快车容易失控，失控就会出现交通事故。生活中也是如此，信息的大量涌入，失去注意力，很容易就让人迷失自己，忘却初心和发愿。

我们再联想一下交通事故，大多是因为不遵守交通规则所导致的。生活中的很多快者永远是“拼命三郎”的样子，忙着挣钱，忙着升迁，忙着结婚，忙着养老，也忙着奔向那众多的疾患和死亡，停不下来。

很多时候，那些违反交通规则的人，总是在忙碌中觉得，他出现的这些交通规则只是小问题，比如开车的时候偶尔接个电话，那么多人都做过，坐在右边时不时忘了系安全带，好像很多次也

并没有出事。

他们忘了，真正出事时，生命已经走到尽头，没有机会重来。

生活中，我们会经常看到情绪失控的人，对旁人破口大骂、指手画脚，我们总会批评这些人“没素质”……无数次勒令自己不要再被情绪控制，但是事到临头还是会忘记。

妹妹的宿舍里，有几个女性，每天都喊着要减肥，但是健身卡办了之后，却一次都没有去。每天多吃一点东西，就在宿舍里哀怨连天，生怕自己因为吃了这些东西又增重一斤，每天在这件事上消耗了大量的精力，日子过得毫无质量可言。

一个同事喊着自己考研要学习，在网上网购了一大堆课程，但是别人一叫他出去玩，他马上就跑出去玩，一天玩下来之后疲惫不堪，根本就没有精力学习。

三个多月，网购的课程还是只学了前面三课，他常常在自责与自尊自强中拉扯徘徊，自己过得十分痛苦，这样的心情也破坏了学习的心绪，导致他决定认真看书的时候，也没有心绪。

我还见过很多纵欲的成年人，对孩子要求很多，但是自己却不自律。前同事和她老公，两个人每天都抱着一个手机打游戏，一边玩游戏一边呵斥小孩，让他在两个人身边认真写作业，一个学期下来，发现每天这样严厉地逼迫孩子居然毫无效果，孩子的成绩不升反降，比上一个学期更差。

知乎上有个大量回复的问题，是关于家长酗酒的。很多夫妻都存在这个问题，我爸爸他们同学的老婆，甚至组织了一个“反喝酒同盟”，因为酗酒带来的家庭问题实在是太多太多，除了影响家庭关系，还有可能伤害自己，严重点的还可能带来一些治安压力和家暴问题。

曾经在网上看过一个关于酗酒家暴的案例，有一个男人，每次酗酒之后都会打老婆，但是等他酒醒之后，他就会非常后悔，痛哭流涕甚至会给老婆下跪，自扇耳光陈述自己一定会痛改前非，他老婆每次都会原谅他，而他自己，每次都会故态复萌。

其实，在家庭、成长和自我管理的人生里，人内心真正面对的监督人格是自己。就像减肥的人需要在某一顿中少吃，玩手机的夫妻需要孩子的成绩来对自己进行心理抚慰，喝酒的男人需要通过伤心落泪的表演来获得妻子的原谅一样，他们本质上明不明白自己的问题呢？

我想，他们内心深处一定能知道自己的问题，但是他们的意志力一次次败给自己的欲望，他们不能控制自己，所以才向外界寻求安慰，从外界的慰藉之中得到一种“我想要改”或者是“我正在改”的假象。

对他们而言，每一次纵欲只是他们要改过自新的起点，过不了多久，他们就会发现强制自己比纵欲要痛苦百倍，于是内心就会像违反交通规则的人一样安慰自己，我偶尔这样也没关系的吧，我随便喝一两口，怎么就成酗酒了呢？

唯一不同的是，他们还有自我更改和自律的机会，而拿生命开玩笑的人，人生只能是关机，永远也无法重启。

不知道他们有没有想过，其实，放纵自己本质上和慢性自杀又有什么区别呢？虽然很多东西并不致命，只是缩短了生命的长度，但是这样的不自律，从某种程度上损害了生命的质量。

我们终究逃脱不了面对自己。其实，每个人从诞生的那一天起，就成了独立的个体，我们在尘世唯一的责任人其实就是自己。有人说，我们没有办法决定出身、家庭、长相等因素，但是我们至少可以决定我们想要成为什么样的人。

微博上有一句话，你不要只看到别人表面上的光鲜靓丽，就开始怨天尤人，抱怨这个社会多么不公，你要知道，在你看不见的地方，别人到底默默地付出了多少努力。是的，在人生的加速期里，排除世界的干扰，屏蔽某些无用信息，放弃某种看起来很美的东西，都需要消耗我们莫大的勇气和意志力。

叔本华说过一句话“要么庸俗要么孤独”，是呀，生活永远都不能变成电视剧，真实是它唯一的特性。

很多时候，我们的努力，我们的自律，都发生在别人看不见的地方。

甚至你会发现，很多时候我们的起点是别人的终点。但和减肥一样，和学习一样，和生活一样，只要我们今天开始做了，明天就不会更差更难过。

很多我佩服的人都告诉过我，在生活这堂课里，老实人有老实人的福气，因为你面对生活诚实自律，生活就一定反馈给你某些慷慨的赠予。

※ 如果你总忘掉遵守规则，世界有一天也会忘记原谅你

在微博上看到一个故事，有个独自在国外生活的女孩，她有一个很好的闺密，她给过对方钱，送过对方化妆品，为对方买过衣服，这个闺密看起来也是一副人畜无害的样子，总是能在她需要安慰的时候及时出现。

因为在国外的生活太过于寂寞，所以她开了一个微博，常常发一些自拍和影视新闻。

因为她长得不错，很快就吸引了一些粉丝，渐渐也有了一些关注度，时不时就有人在微博下面赞美她长得漂亮。

当然，微博上关注她的人多了，也会听到一些不同的声音，她注意到，有一个小号，经常在微博下面，用最刻薄最恶毒的词汇损她。

这个小号似乎总能戳中她的痛点，即使隔着屏幕，那些语言也能戳中人心。

后来某一天，她回国的时候，有一次在商场，她闺密逛街的中途去洗手间，请她帮忙拿着衣服和手机，她看了一眼闺密还没关闭的屏幕，那个微博小号，正是她闺密注册的。

在她压抑着怒火等闺密解释的时候，闺密却笑嘻嘻地说：我不过是偶尔手滑，觉得这样很好玩，跟你开个玩笑而已，你在意这些网上的评论干什么，说不定我还能帮你拉流量呢！

其实，我们身边这样的人有很多。什么事情都可以往“只不过是网上的一段言语”或者“我不过是跟你开个玩笑”这点上一推，自己就把自己的恶洗刷得干干净净了。

我身边就有一个喜欢不分场合开玩笑的朋友。不管是低级还是高雅的场合，她总是不分青红皂白将别人的丑事抖出来。

这些人在“黑”完别人后，也经常自黑，但是他们常常道歉积极，还动不动就秒删，打着哈哈把这些事绕过去。

这样的人，他们不是不懂别人真正的意思，而是他们习惯了把自己当成一个孩子。别人最不爱提的糗事，他们非要提；别人觉得丑的照片，他们非要传到朋友圈；他们一定要叫你最难听的外号，直到你痛苦翻脸，还觉得这有什么呀，你真小心眼儿。

他们内心深处总觉得：我不过是玩一玩，全世界都会原谅我的吧。

当然，一个总是游离于人与人交往规则之外的人，或者别人最多就是选择远离他们，而游离于社会规则之外，不把某些原则当回事儿的人，就会常常玩着玩着就玩脱了。

八达岭野生动物公园里，如果那个执意下车的女子不那么任性，如果她可以稍微遵守一下交通规则的话，或许她就不会害自己伤残终生，害得自己的母亲无辜身亡。

我不知道她为什么还能理直气壮地向动物园要求赔偿。明明是她自己不遵守园区规则在先。

这件事发生没多久，宁波雅戈尔动物园里，又发生老虎咬人事件。原因是两个男子为了逃票，翻墙爬进动物园内，最终葬身虎口。

我想，这些人最终的结局，可能与他们面对规则时的不走心，有非常直接的联系。

虽然活得恣意是每个人的追求，可是人真的不能太任性。

有一个搞幼教的老师，在带孩子玩的时候，每当她让孩子们做出各种动作时，有一部分孩子能坚持做完，但总有几个孩子任性地从队伍中跑出来，旁若无人地玩着自己的玩具。家长只要稍微露出一点儿愠色，他们就大哭大闹，不依不饶，令人十分讨厌。

老师后来对我说，你知道他们为什么会这样吗？因为他们从小受着快乐教育长大，所以他们缺乏耐力，缺乏活在规则下的能力。

我不知道他们的家长有没有后悔，在该对孩子进行规则引导的时候选择了放纵，这样的孩子，在进入社会后，多多少少也会存在一些问题的。

因为，在这个商业时代里，大家都已经缺乏耐心了，在一句话就可以令所有人倒戈相向的环境中，除了自己的父母，没有谁会反复原谅一个总是把自己当成孩子，总是说自己有口无心，总是反问“这也不算什么，你为什么不原谅我”的人。

除了自己的父母，一个人并没有那么多机会获得别人的谅解，他必须为自己说出去的每一句话、做出的每一件事情负责。如果别人总是因为你的错误受伤，那别人可能就会因为你伤害了他们，而选择离开你。

而你总是说自己是无心的，总说这也没什么大不了的，总是道歉，却不知道改变，那么总有一天，会有人厌倦了原谅你。

我还有一个朋友，她非常喜欢迟到。每次约她的时候，她总会迟到半个多小时。对此，她每次给出的理由都差不多，什么临时接到一个通知，要处理一点公司邮件，或者是孩子休假，送她去爷爷奶奶家又赶过来。

在她的世界里，似乎每一件事情都比我和她的约会重要。当然，除了这一点，她别的地方也并没有太大的问题，她自己更觉得这不过是一个很小的问题，见面了随便插科打诨，嘻嘻哈哈，迟到这件事也就过去了。

真正令我生气的有两次。

一次是我和她约好了去给一个朋友接机，临近对方要下飞机的时间，我给她打电话，她竟然还没有出门。

急吼吼地赶到机场时，朋友已经在冷风中等了将近一个小时。

这次接机她还是以前那样的态度，笑嘻嘻的，想插科打诨把这件事遮掩过去，朋友却十分严肃地责备了我们接机迟到这个问题。

朋友说，不是她一定要我们来接她，而是如果我们不能按时抵达，也可以提前告诉她，这样她不必等我们，也更方便做下一步决定。

可是我那位迟到的朋友仍然用那一句“这有什么呀，我们一会儿带你去吃大餐补偿你”，把这件事敷衍过去了。

当天朋友并没有接受我们聚餐的邀请，而是急匆匆地奔赴目的地。

后来又一次，她主动邀请我出去，我等了半个多小时后她仍然没来，我实在忍不住给她打了个电话，她含含糊糊地说，她马上就到。可是当我坐车赶到她家里时，我发现她才刚刚起床。

这一次，我没有选择原谅她。

并非她不好，而是和她继续相处，本质上就是一件非常累人的事情，她总是用她对友谊的敷衍来消耗彼此的能量。

她不重视友谊，对于朋友之间的约定，可以随时让位给生活中别的事，那我们这些朋友，在她心里到底还能有多少位置呢？

每个人都应该从“别人能无偿接纳我、原谅我”的梦里醒来，每个人都应该清醒地认识到，这个世界上，某些规则和是非无关，也不会按照自己的喜好去运转，它只需要我们知道它存在着，运转着，而当你忘记遵守这些规则的时候，这个世界，总有一天，也会忘了去原谅你。

※ 跟解决问题比起来，面子真的不值一提

我有个表妹叫娟娟，今年二十三岁，在一家公司做行政，月薪三千元，虽说工资不高，但也能养活自己。前一阵，家里人给她介绍了一个男朋友，对方大她三岁，在外企上班，工作很体面，薪资更是她的三倍不止。

两人相处了一段时间，关系还算融洽，本打算年后订婚，但有天娟娟却突然说，她不想再跟对方继续谈下去了。

家里人都很震惊，觉得娟娟脑子进了水，这么好的男生，她不想办法赶紧抓住，竟然还往外推。

但娟娟死活不听劝，坚持要跟男生分手。

家里人没办法，劝也劝了，骂也骂了，都不起作用，于是便把我抓来做说客。大家都说，我读书多，心理学知识丰富，说不定能让娟娟回心转意。

一顶高帽子强行给我戴上，那我不去也得去了。

跟家里人的做法不同，我从不对别人进行狂轰滥炸，我对娟娟说，如果有什么心事，可以跟姐姐聊一聊，姐姐保证不批评你。

我知道，娟娟是一个要面子的人，你越是逼她，她的逆反心越重，所以我干脆采用“化骨绵掌”，先卸下她的防备和敌意。

果然，沉默了一会儿，娟娟自动吐露心声：“我跟他聊过，他说我工资不高，最好换一个工作，这样婚后的日子也比较好过。”

就这么简单的一句话，让娟娟心生芥蒂，“一个大男人，没想到竟然这么现实！”于是，事后娟娟把对方骂了一顿，指责他现实、市侩、小家子气。

女孩子就是这样，自己可以嫌弃男人赚得少，却不能接受男人嫌弃自己赚得少，因为男人这么说，这么做，会让她们觉得不大气，斤斤计较，不爱自己。

这完全是偶像剧看多了的后遗症。

我对娟娟说：“如果他觉得你工资低，你可以努力提高收入，增进彼此的感情，也可以分手，潇洒离去，再找一个不在乎你工资多寡的人。这两种选择都很好，很成熟，但是唯独你没权利骂他，你一骂他，就显得你不厚道了。”

给对方留下一个不厚道的坏形象，对她又有什么实际的好处呢？没有任何好处，损失最大的依旧是她，一场恋爱谈下来，浪费了时间、精力和感情不说，还把恋爱对象得罪了，连家里人都对她有很多不满。

“可我也有自己的尊严要维护哇！”娟娟还在为自己辩解。

然而，她真的是在为尊严而战吗？

我以一个旁观者的角度看，她死死维护的明明是自己的面子，男方说她工资低，让她面子受损，于是她恼羞成怒，口出恶言。

跟娟娟一样，在现实生活中，很多人常犯的一个错误就是，把面子跟尊严画等号。但面子跟尊严真的是一回事吗？并不。有句老话叫死要面子活受罪，说明面子这个东西，对于人来说更多的是负累，而不是幸福。

不信？我给你举几个例子。

一个男的收到信用卡账单，发现数额巨大，吓得连忙问朋友，你们都吃了什么呀，怎么这么贵？朋友回答他，你不记得了吗？那天婚礼上你喝醉了，豪气地告诉大家，全场你买单。

某女去商场买衣服，进了一家名牌店，试了几次衣服还是不满意，这时店员的脸色很难看，话里话外尽是嘲讽，她被强烈刺激到，便掏出银行卡全部买下，整整花掉了一个月工资，回家懊恼不已，不得不勒紧裤腰带过日子。

夫妻俩吵架，老婆一气之下，放出狠话，我要跟你离婚。老公求饶，老婆咽不下这口气，坚持要离，宁愿净身出户，也要带着孩子走人。两人离婚后，老公很快就另结新欢，生活很是甜蜜，而老婆却不得不借宿娘家，每天为生活发愁。

某老板公司财务出现问题，急需资金周转，但他不肯拉下脸找亲友借钱，便一直死挺着，结果公司破产倒闭，自己还负债累累。

…………

以上所举的几个例子，当事人都有一个共性——把面子看得比天大。如果你身边有这类人，你会发现他们的行事风格很不理性，极度缺乏务实精神，经常自讨苦吃。明明有更好的路走，他们偏偏要蹚泥泞路，弄得自己一身脏兮兮的，明明有更好的解决办法，他们却罔顾自己的利益，非要搬起石头砸自己的脚。

从心理学的角度看，太要面子的人往往比较自卑，他们很害怕别人看不起自己，对于自己的弱点和缺陷，他们包裹得严严实实，不愿意别人看到，在人群中间，他们也十分维护自己的良好形象——大方，体面，优雅，能干，高贵，有骨气。

说实话，这种一直踮着脚生活的姿态并不轻松，琴弦绷得太紧，会断，人也一样，如果一直硬撑着，强凹一个造型，那势必会在粗糙的现实面前全盘崩溃。

香港首富李嘉诚说过这么一段话："当你放下面子赚钱的时候，说明你已经懂事了。当你用钱赚回面子的时候，说明你已经成功了。当你用面子可以赚钱的时候，说明你已经是人物了。当你还停留在那里喝酒、吹牛，啥也不懂还装懂，只爱所谓的面子的时候，说明你这辈子也就这样了。"

是的，死要面子的人，往往成不了什么大气候，举凡在事业上做出一定成就的人，一定是重实际、轻面子的人。

在他们的眼里，解决问题比维护面子更重要，如果损失一点儿面子，就能换回更大的实惠，那他们绝对会毫不犹豫地丢掉面子。

汪姐是我某次旅途中认识的一个前辈，她是一家文化公司的负责人，她跟我说起她以前的创业经历时，几度红了眼眶。

那是一段饱含辛酸的回忆。当时，汪姐跟一个朋友合伙创办了一家公司，作为公司的决策人，两人的意见常常不能达成一致，争论到最后，往往谁也不肯妥协。时间一长，朋友就开始打退堂鼓，想撤资走人。

汪姐不愿意自己一手创建的事业就这么结束，她找朋友谈过几次心，恳请她不要走，有问题大家好好商量，不要意气用事。

朋友却指责汪姐性格太强势，不愿意再跟她继续合作。对于这些指责，汪姐全部以宽大的心胸承受住了，她再次放低身段，向朋友道歉，并积极寻求更好的协商合作方式。见她那么有诚意，朋友最终选择留下了。

现在，汪姐公司的效益越来越好，她再也不怕合伙人撤资走人了。

汪姐的经历让我感触颇深，一个人在世间行走，遇到问题还是要保持足够的理性，学会权衡利弊，万万不可争一时的面子而损失里子。面子虽然看着光鲜亮丽，却不能代替真实的生活，过日子，最要紧的还是里子舒服。

希望这个道理，每个人都懂。

※ 兴趣永远是最好的老师

和我关系非常亲密的一位朋友 CC，是名副其实的学渣，物理全班倒数，英语从不及格，高考时发挥一般，勉强考进一个三本。按道理这么说，似乎是个不折不扣的人生输家。

但是她喜欢日本，初中的时候通过电脑接触了动漫、日剧，就像是打开了新世界的大门，觉得一切都是那么新鲜有趣。

有趣过后，便自然而然地产生了兴趣，CC 一直很想学习日语，但是英语已经是世界上最简单的外语，她苦于自己英语很烂的原因，始终不敢去学日语。直到后来她想自己海淘、想实现去日本自由行，这些兴趣诱因激发了她潜在的学习动机，形成学习的积极性，在已经过了二十五岁的年纪，CC 决心自己从零基础学日语。

孔子曾说过："知之者不如好之者，好之者不如乐之者。"爱因斯坦也说过：“兴趣是最好的老师。”

兴趣是一个人积极探究某事物或爱好某种活动的倾向。科学家也证实学习兴趣和学习效果有着相互制约的关系。

我们可以发现，身高较矮的人普遍对打篮球没兴趣，胆小的人排斥学医，没有逻辑思维的人讨厌数学，如果要学习的新东西是自身排斥的、不感兴趣的，他们或许连考虑都不会考虑。又或者在学新东西的时候，周围环境并不支持，学习结果可有可无，自己本身的意愿也没多高，那么也容易随时就放弃，就算硬着头皮学下去，效率也不高。可如果要学的这个新东西出于自己的兴趣，不仅可以突破环境的某些限制，科学研究甚至表明对学习的直接兴趣是提高学习质量最有利的因素。如果没有特殊情况，对学习的直接兴趣大多能长期持续下去，并且越来越浓厚。

CC因为有热情和兴趣，所以报网课之后学得非常认真，她时常感慨上课的时间过得飞快，并且她在背五十音的“な”时才陡然发现，作为地地道道的南方人，自己N、L二十多年都没有分清过，白念了那么多年的中文，“牛奶”念的是“留奶”，“可能”念的是“可棱”，“练习”念的是“念习”，“溜走”念的是“妞走”，也幸好学了日语，才纠正了自己错了那么多年的中文发音。

美国心理学家耶克斯和多德森发现，最佳的学习动机水平与作业难度密切相关：任务较容易，最佳动机水平较高。任务越困难，最佳动机水平越低。

我们也能发现不管学什么，作为一名新手入门的时候，因为面对的任务最简单，总是错误地认为最终目标很简单也很好拿下。

但随着学习进程的推进，每个人在面对枯燥且结果遥遥无期的学习目标时，总是下意识地选择放弃或者逃避，除非逼不得已，或许理智也会选择屈服。

而这种时候，由兴趣出发的动机便能凸显它的独特优势。因为只是出于直接兴趣，基础为零，不管进步多少，在原基础上都是进步。而只有出于兴趣的动机，才会使得不管有任何进步，都能振奋人心。

像CC，哪怕她清楚学习日语想达到的最终目标，她也划分了无数个阶段性的小目标，使得自己容易达到。比如，等学完五十音，她就奖励自己买一张喜欢的日本明星的专辑，通过小目标、小奖赏的模式巩固自己的学习兴趣。又比如那段时间，我们经常看到CC在朋友圈上发一些日文短句，她在炫耀自己的能力，哪怕语法乱七八糟前后颠倒，但是她也很开心很满足，用自我喜悦的情绪来稳定持久的兴趣。再到后来，她能唱完一首简单的歌，能自己海淘成功，能通关一直想玩的一款游戏，这些用她学到的知识解决以前难以解决的实际问题，更容易给她建立“我可以”的信心，也培养了自我成就感。

这样去实现一个一个的小目标，以使她用更高的学习兴趣刺激更多的学习动力，使更多的学习动力靠近学习结果。

而随着学习难度的增大、内容的加深，甚至发生某些恶劣的意外，我们会继续不可避免地感到沮丧、暴躁、惰性，甚至放弃。

在这种时候，对兴趣的热爱会不断地提醒我们还没有达到学习的目标，它会逼迫我们，也支撑我们继续下去。

球星科比曾说过为篮球倾其所有，从他的心、他的身体到他的精神、他的灵魂。

曾有人问他："如果只剩一只手，你总会退役吧？"科比却说："可是不还剩一只手可以打球吗？"

身体的伤痛永远不会击垮他对篮球的热爱和对总冠军奖杯的渴望。

CC学习日语当然用不着身体受伤，但是她也有过无数想丢书、掀桌子的念头，可是她却反复告诉自己："如果就这样放弃的话，就不能去日本自由行了呀。"这个目标便一直成为支撑她的理由。

而由于文化和社会现状，日剧里有很多富有哲理的、积极向上的台词，当CC刻意去看那些励志的生活剧时，忍不住被里面辛苦却又努力活着的人物所感动，觉得想半途而废的自己真的太羞愧了，于是很快忍不住把丢在一边的书给重新捡起来。正是因为出于兴趣，所以我们才更容易从兴趣中找出积极、正面的点，以供激励、鼓舞自己。

不管学习哪门语言，最重要的还是背单词和记语法，而背单词是个非常痛苦的过程。

而在这个时候，CC喜欢选择自己感兴趣的方面的单词，把原有的其他方面的兴趣转移到学习上来，以培养新的学习兴趣。她便经常在查询一个生单词之后恍然大悟"哦，就是《×××》剧的台词里出现过的呀”，情景随时就能拎出来，记单词的速度也快一些，这样也更加有学习的趣味性和积极性。

到后期的时候，CC因为喜欢追剧，所以她专挑一些节奏缓慢、语速平缓的电影练听力，然后再去看一些语速适中、生僻词较少的电影，然后去直接追网上刚出资源的日剧，这种日剧可能字幕组还来不及做双语字幕，只能全靠自己的耳朵和语感，顶多再根据情景画面连蒙带猜。而最后，CC就开始追语速偏快、口语化程度非常高的综艺，甚至包括带有各种方言口音的脱口秀，因为CC知道只有能听懂那些综艺节目，真正去日本的时候，才能听得懂日本人说的内容。

CC就一边追剧、追星放松，一边又强化了自己的听力。

CC在网站上报的日语班，一开始一节课有几千人同时在线，到最后，一节课在线人数断崖式骤减为几十人。

她也觉得不可思议，她居然靠着一腔兴趣坚持了下来。

一年半以后，CC成功考过了N2。

CC的这件事让我想起了摩西奶奶。摩西奶奶一生都是农妇，直到七十六岁得了关节炎，才开始绘画。她的一生虽然未接受过正规的绘画训练，但对美的热爱使她爆发了惊人的创作力，创作出一千六百幅作品。

1960年，百岁的摩西奶奶给作家渡边淳一解惑时回复了一张明信片，上面写道：“做你喜欢做的事，上帝会高兴地帮你打开成功之门，哪怕你现在已经八十岁了。”

瞧，连八十岁时的摩西奶奶都知道因为兴趣，所以热爱；因为热爱，所以成功的道理。

因为出于兴趣，所以能提供原动力和信念支撑，能带来更多的激励反馈，而这些会使我们在学习的路上一往无前，更何况，我们还年轻。

※ 立即行动，永远不要说来日方长

人生一世，草木一秋。花有重开日，人无再少年。这些古话，旨在警醒世人，珍惜生命，爱惜时间，在有限的青春年华里做出不平凡的成绩来。

只可惜，现如今，很多人都把时间浪费在虚拟的网络世界，他们打游戏，看电视，刷微博，逛淘宝，对于内心真正想做的事情，却迟迟不肯提上日程。

其中有部分人是有理想、有抱负、有野心的，可这些都只停留在他们的想法里，真正脚踏实地去做的人，可谓少之又少。

作家连岳说过："如果你不按照你所想的去活，总有一天，你就会按照你所活的去想。"

人生就是这么残酷，你所做的每一个选择，所走的每一步路，都将决定你未来的走向，但幸运的是，主动权始终在你的手中，只要你立即行动，争分夺秒，你的人生就是一部不会让你失望的精彩电影。

一个朋友曾对我说过这么一段话：“我真正成长起来，是不再发出天问开始，天问，就是连天也回答不了的问题。我为什么这么失败，他为什么那么优秀，我的未来到底会怎样……一千个念头抵不过一个行动。”

朋友的话让我想起一个笑话。

有个落魄的中年人每隔两三天就到教堂祈祷，而且他的祷告词几乎每次都相同：“上帝呀，请念在我多年来敬畏您的分儿上，让我中一次彩票吧！阿门！”

几天后，他又垂头丧气地来到教堂，同样跪着祈祷：“上帝呀，为何不让我中彩票？我愿意更谦卑地来服侍你，求您让我中一次彩票吧！阿门！”

又过了几天，他再次出现在教堂，同样重复他的祈祷。如此周而复始，不间断地祈求着。

终于有一次，他跪着说：“我的上帝，为何您不听我的祈求？让我中彩票吧！只要一次，让我解决所有困难，我愿终身奉献，专心侍奉您……”

就在这时，圣坛上空传来一阵宏伟庄严的声音：“我一直垂听你的祷告。可是，最起码你老兄也该先去买一张彩票吧！”

好笑不好笑？

只想不做的人，就算上帝有意成全他发财的美梦，最终也是爱莫能助。我们都听过一句话，“临渊羡鱼，不如退而结网”这句话的意思是，站在水边想得到鱼，不如回家去结网。可见，所有的愿望和野心，都需要行动来让它落地。

演讲大师齐格勒曾以火车为例对行动的力量作了很好的诠释：

世界上牵引力最大的火车头停在铁轨上，为了防滑，只需要在它的八个驱动轮前面塞上一块一英寸见方的木块，这个庞然大物就无法动弹。

然而，一旦这个巨型火车头开始启动了，小小的木块就再也挡不住它了。

当它的时速达到一百英里时，一堵五英尺厚的钢筋混凝土墙也能轻而易举地被它撞穿。从一块小木块令其无法动弹到能撞穿一堵钢筋水泥墙，火车头的威力变得如此巨大，只因为它开动起来了。

俄国作家克雷洛夫曾说：“现实是此岸，理想是彼岸，中间隔着湍急的河流，行动则是架在川上的桥梁。”

行动的力量是巨大的，如果你对现状不满，如果你想成为更好的自己，光怀着热切的愿望是远远不够的，只有将梦想付诸行动，你才能抵达目的地。

每个人的一生最多不过三万多天，当你说着来日方长时，时间正在以一种令人心惊的速度流失，想要做的事情如果不抓紧去做，不用实际的行动来让它开花结果，那你的余生就很容易被一种叫悔不当初的情绪占据。

我想，这样的结局一定是你不想看见的。

所以，从现在开始，做点什么吧，只要是能让你焕然一新的事情，都趁早去做吧。

因为，时间是不等人的。

※ 用“番茄”治好你的拖延症

我曾经经常被朋友称为拖延症晚期患者。我想，如果世界上有一个医院能治疗拖延症的话，那我一定去挂专家号，可惜并没有。

我曾经有过几次受邀写稿，对方出版社规定了交稿时间，但是我很清楚所谓的交稿时间并不是编辑的底线，所以我非常心安理得地拖稿。每天在打开文档前，却先点开一个视频：“啊，这个视频好有意思。”结果从 A 视频点进 B 视频，又从 B 链接刷到 C 链接，总之，时间就是这样消逝了，这下该写稿了吧，可是“要不再追一个综艺吧，也就四十多分钟，到了八点我一定写。”可等我欲罢不能地抬起头才发现已经晚上十点，“已经挺晚了呀，好像也没有灵感，那等明天早点起来再写吧。”结果第二天又睡到自然醒，然后又玩了一天游戏。直到交稿时间逼近，向编辑求来更多时间，才在底线到来前疯狂赶稿。

赶稿期间我的精神压力、内容质量、身体健康都有波动，而昏天黑地地赶完之后，我又要休息好几天才能缓过来。几次恶性循环之后，我开始反思自己拖延症的心理：

1. 畏难情绪下意识逃避，心里明知这件事必须做却无法开始，越是难度高的、长线的、不喜欢的，越容易如此。

2. 没有时间观念，拖拖拉拉或者完美主义发作地处理同一件事，导致无法完成其他任务或者烂尾。

3. 自控力薄弱，容易自我打断，视频、游戏、电视剧、综艺，我很容易沉浸其中“放松一下”，把正经事放在一边。

4. 效率低下，虽然可能一天到晚都坐在桌前，但是实际有效的工作时间不足三小时，只好用更多时间来弥补效率。

5. 只有焦虑，没有行动，“反正又忙又穷，不如瘫着算了”。

在这种情况下，我了解了“番茄工作法”。我当时完全是出于“先做二十五分钟的事就可以玩了，很容易嘛”的心情挑中它，的确提高了我的主观能动性，愿意自动进入工作状态里。

在我看来，它非常劳逸结合且操作简单，很容易集中注意力、提高效率，形成良好习惯。

“番茄工作法”是简单易行的时间管理方法，是由弗朗西斯科·西里洛于1992年创立的一种相对于GTD更微观的时间管理方法，它的原理是计划—执行—评估—应用，体系是执行—休息—再执行，这样既能关注专注模式，同时又关注了分散模式。

在操作前，我们先列出一份任务清单，也就是想要完成的事情，包括长线的在内。对于长线任务，大概需要几十个甚至几百个“番茄”时间才能完成，我们则要把它进行拆解，细分成周工作量，再细分到日工作量。

还需要一份今日待办清单，也就是今天要完成的事情，我们需要根据自身量力而行，甚至宜少不宜多，要建立起激励效果，以达成坚持的决心，不能让一种消除拖延症的方法再次造成心理拖延。另外还需要一份工作记录表格、突发情况记录表格。

一开始，我们可以把番茄时间设置为十五或者二十分钟，避免在初期产生“连集中二十分钟注意力都办不到”的沮丧感，等到适应后再逐步递增，重要的是在此时间段心无旁骛地完成任务，以培养自己的专注力、执行力，而在一个“番茄”时间内只能完成一个任务，任务完成后还剩下时间，我们可以进行质量优化，因为我们对时间进行管理的目的并不是在单位时间内做更多的事，而是创造更高的价值。而一个“番茄”时间结束后立即休息五分钟，每四个“番茄”时段休息时间增加为十五分钟，而在事情完成后，就在该任务后面画个“×”。

突然中断“番茄”时间，可能是外界原因，如被妈妈喊去吃饭、需要回个消息、取个快递，对于这种情况要么预估好，避开“番茄”时间，要么等“番茄”时间结束以后再处理，比如我会在午饭后批量处理微信、邮件等细碎事务。也可能是自身原因，比如需要记个灵感，我们可以直接在突发情况记录表格里，继续完成“番茄”时间。又比如去打了游戏，如果只是忍不住，我们可以下意识地锻炼耐力，让自己再坚持十分钟或者完成这个“番茄”时间。而如果还是坚持放弃，这种情况在任务进行不下去时较常出现，是一种焦躁、抗拒心理下的注意力转移。不管是哪种打断，我们应该注明原因，以待之后的总结分析。须注意一个“番茄”时间不可分割，如果突然中断，哪怕是处理紧急事件，哪怕还剩三分钟，这个“番茄”时间也无效。

其实不管是“番茄”数量，还是休息时间，本身具有一种强制性，比如我们不能把中断的“番茄”时间算进去，也不能在闹钟响起后还继续工作，休息是为了让自己松弛有度，形成持久激励机制，以让我们能长期平稳地保持高效工作状态。

等做完一天的“番茄”时间，我们看见全都被画“×”的今日待办事情时，会非常有成就感。但我们还需要进行分析和总结。在真实的数据面前，我们就会发现自己的工作规律，比如一日、一周内能完成的有效“番茄”数量是有限的，自己在哪些时间点容易被打断，哪些任务会主动中断，它们的原因是什么，哪些任务需要几个“番茄”时间才完成。像我就发现自己周一和周二的效率高于其他时间，晚上八点后的效率高于白天，对于长线、重复性的任务我会逐渐失去耐心，我开始主动做、主动休息，没有被动浪费，对任务所需时间更加灵敏，对时间的分配管理也更为有效。

但是“番茄”工作法也有弊端，比如设置的“番茄”时间不建议超过四十分钟。因为它是个利用碎片化时间的辅助方法，它强迫人们在短时间内高度专注，却无法实现大脑长期高效，同时它也不适用于复杂多变的环境，有点类似在学校上课的模式，带有强制的约束性。

比如当我灵感爆棚、身心达到写作高潮的时候，“番茄”时间突然结束，如果我强行中止思路，激情骤降、灵感转瞬即逝，十分钟后很难再捡回来，又或者我本人虽然高度专注，灵感却迟迟不来，写作效率一直低下，哪怕完成“番茄”时间，也只是完成了专注训练而已。而像需要长时间高强度工作的程序员，或者是手头全是琐事、随时都要外出的行政人员，使用“番茄”时间也不现实。

比如我有一个朋友，她平时喜欢网购，家里到处都堆着包裹，但是她的工作台非常简洁，连咖啡杯都不能放。当她需要进入工作状态时，她就会把零食放在一边，扎起马尾辫，等到工作状态结束，她才会把马尾辫放下。久而久之，她只要有扎起马尾辫的动作，就是给大脑一个暗示信号——现在需要进入高效专注的工作状态。经过长期的重复，这个信号成了大脑条件反射的开关，到后期，朋友根本不需要扎马尾辫的信号，也可以随时进入状态、随时撤离，这也是“番茄”时间方法想达到的最终效果。

其实拖延症并不可怕，倘若我们能借助辅助工具，使自己行动起来，哪怕只有二十五分钟，但是我相信，这便是一个好的开始，接下来会拥有很多个二十五分钟。

06

第六章

相信生活会变好的人，生活往往就会更好

《肖申克的救赎》中说，希望是一件美好的事情，有时甚至是世间最美好的东西。成为更好的人，这是一种美好的希望。更有意思的是，一个相信生活会变好的人，往往也拥有更强大的力量，并最终改变自己的生活。

※ 莫道此生沉黑海，性中自有大光明

1969年，美国斯坦福大学心理学家菲利普·津巴多进行了一项实验，他找来两辆一模一样的汽车，把其中的一辆停在加州帕洛阿尔托的中产阶级社区，而另一辆停在相对杂乱的纽约布朗克斯区。

他把停在布朗克斯的那辆车的车牌摘掉，把顶棚打开，结果那辆车当天就被偷走了。而放在帕洛阿尔托的那一辆，一个星期也无人理睬，于是，津巴多找来一把锤子，把那辆车的玻璃敲了个大洞，没想到几个小时后，那辆车就不见了。

以这项实验为基础，政治学家威尔逊和犯罪学家凯琳提出了一个“破窗效应”理论，该理论认为，环境中的不良现象如果被放任存在，会诱使人们仿效，甚至变本加厉。

举个例子，如果有人打坏了一幢建筑物的窗户玻璃，而这扇

窗户又得不到及时的维修，那其他人就有可能受到某些示范性的纵容去打烂更多的窗户。

这些破窗户会给人一种无序的感觉，人们的胆子会变得更大，直接闯入建筑内，如果发现里面无人居住，他们就会在那里定居，严重者甚至还会纵火。

破窗效应是犯罪学的一个很重要的理论，它揭示了人性深处一种很微妙的心理，很多管理者都从中受益颇深，他们致力于建立一个有序的环境，以制约人性中的恶，好让所有人都能在其中安居乐业。

然而，对于单独的个体来说，破窗效应却不应该成为你我作恶的理由，当身边的人做坏事，又或是所处的环境太过肮脏时，我们都不要对人性丧失信心，也不要跟着别人一起沉沦。要知道，人性中纵然有阴影的一面，但美好的一面也从未消失过，而那些美好的东西，值得我们每一个人去守护，去坚持。

有个好朋友跟我讲述过她怀孕几个月时的一段经历。

有一次，她乘坐地铁去市里玩，当时地铁上人很多，大着肚子的她没有找到座位，也没有人主动提出要给她让座，她只好在一旁站着，直到抵达目的地。

“我当时心里很不舒服，觉得这世界上的人都好冷漠，我那个时候就动了一个不好的念头，以后我也不给别人让座。”好友向我还原她当时的真实心境。

这是一种对人心冷漠的愤怒和报复，我能理解。

但是，我也告诉她，世界上有很多冷漠的人，但与此同时，也有同等数量甚至是更多的人在默默传递温暖和善意。

记得我读高中那会儿，我们去上早自习之前，会从宿舍提着热水瓶出来，然后统一放在靠近打热水的地方，有好几次我都找不到自己的热水瓶，大概是被别人提走了。没办法，我只好又去买了一个，算一算，前前后后大概买过好几个吧。

当时，有同学问我："既然你的热水瓶被别人拿走了，你干吗不去拿别人的呢？"

"要是我拿走了别人的热水瓶，那别人用什么？"我反问道。

被别人偷走热水瓶的感觉并不舒服，我可不想其他人也跟我一样经历这种感受。这是同理之心，同时也是对良善品质的坚守。

直到现在，我依旧坚持这样的行事作风，永远将目光聚焦在人性中的美好一面，这样做让我快乐，也让我幸福，更让我感觉心安。

是的，你没听错，是心安。

众所周知，人都是趋利避害的动物，只是这个"利"，不一定是指物质利益，它也包括精神利益。当别人偷走我的热水瓶时，如果我也拿走其他人的热水瓶来弥补自己损失的物质利益，那我的精神世界将会被狠狠地冲击到。

两害相权取其轻，所以，我宁愿物质利益受损，也不愿意玷污自己的心。

作家尹丽川在接受媒体采访时，曾说过这么一段话："我现在的心境和十年前很不同，当年我们确实喊着口号，要去揭示人性的丑恶，后来我感觉，黑暗和丑陋一直都存在。我从小接触的文艺片都特别狠，到后来我自己也不想看这样的电影，我不想再知道这个世界有多脏了，我想的是：给我一点温暖！可能我觉得还是有一种精神也好，道德也好，它是存在的，如果不是这样的话，那这个世界就更不值得走下去。”

你看到的这个世界的脏，还有人心的恶，都只是这个世界的一小部分，如果你把这一小部分当作全部，那势必会心生绝望和暴戾。

俗话说，“一叶障目”，你以为你活得很通透，看穿了世间一切恶意，却不知道，你只是输给了你自己，输给了你心中的黑暗和阴影。

在你看不到的地方，人心的善良和美好，就如这世间的花花草草一样，永远生生不息，蓬勃生长，点缀着这个美丽世界，芬芳着这个世界上的每一个人。

很久之前看过一则十分感人的新闻。

一名司机路上遇见一个骑单车回家的学生。因为路上十分黑暗，司机担心孩子回家途中害怕或有危险，于是开车跟着他，为其照亮前方的路。

孩子中途特意下车，转身向司机深深地鞠了一躬，表达感谢。

司机说，自己开车给孩子照亮，并用视频记录下来，是怕孩子摔倒讹诈他，因为他之前看过很多碰瓷新闻，心中有些担忧。

可他没想到孩子竟会给他鞠躬，这让他觉得很愧疚，同时也让他更加坚信善良的力量。

其实，司机做得非常好，不用觉得愧疚，在这个纷乱的世道，保护自己的措施确实不可少，他对孩子的关爱和呵护，让每一个人都为之动容、敬佩，而孩子的表现也让人泪目，触动了我们每一个人心中最柔软的部分。

微博上曾流传一个段子："当人怀孕了就更容易发现孕妇，你开了奔驰就更容易看到奔驰，你拎个 LV 就发现满大街都是 LV。"

这就是所谓的"孕妇效应"。

也就是说，你是一个什么样的人，你看到的世界就会是什么样子，你的心念决定你眼中世界的美丑。所以，莫道此生沉黑海，性中自有大光明，在责怪人心太丑陋，世界太肮脏之前，你或许先要检视一下自己的内心和灵魂。

※ 相信生活会变好的人，生活往往就会更好

前几天前同事跟我抱怨说，最近脾气越来越暴躁。

以前工作上有什么事情，都会耐心冷静地去想出最好的方式解决，而现在，遇到一点小事儿，都会发脾气，然后陷入无尽的烦躁中，静不下心来处理。

起初自己发发脾气也就算了，慢慢地开始演变成和同事发脾气，这就有点儿可怕了。同事接着说，每次事后想起来都觉得自己在无理取闹，自讨了很多次，可是每次一有事发生，自己又会像一只疯狂的刺猬一样，到处乱扎人。这样的情绪，自己也曾思考过。

也许是工作的不顺心，也许是巨大的生活开销压力，也许是老家父母的期盼……但丝毫不敢深入去想到底是哪一件，因为似乎每一件都是一个死胡同，每一件都会让你喘不过气。

我听完后，很是唏嘘，因为我以前也有过类似的情况。

那时候的自己，工作已经满一年。没有了刚出学校时对生活的激情和憧憬，有的更多的只是满身的疲惫和懈怠。工作的不顺心让我的生活也陷入一个极端，微薄的工资勉强撑得起日常开销，却撑不起高额的房租。毕业一年后，在别人每个月把工资给父母的时候，我依旧要伸手问父母要钱。

每当有一点小事发生，我就会感到莫名的焦躁，就像设置好的导航路线，却出现了偏差。父亲每次在电话里都会问钱够不够用，要不要再给汇一点时，每每都紧握着手机，说够用。挂断后却哽咽着喉咙，对着空荡荡的出租屋哭得撕心裂肺。

那段时间，可谓是我人生最黑暗的时刻。

那时候，我突然遇见了一个人。

他开了一间数码产品实体店，却做着自由职业者。

那年头正是O2O、资源整合、资源共享等电商网络生活理念兴起的时候。他也凑热闹聚集了一批人，说要开个工作室，将大家的资源整合在一起，做平台。

那批人里，有摄影师、服装师、设计师、酒吧老板、网吧管理员等诸多大神……独独就缺一个策划，于是他们找到了我。那时候的我就像水晶球里的公主，别人看来光鲜靓丽，只有我自己知道，我已经喘不过气。他在我微信上说的第一句话是：你好，我想开个工作室，找你策划活动。

单刀直入、简洁明了的话，就像他的性格。我很犹豫，不太敢相信竟然有这样的好事儿砸在我头上。

第二天，我找了他，在一家咖啡店见面。我问他，为什么找我？他说，朋友圈看见过你说你现在在做策划，我们正好缺个策划。

我笑着看着他一脸正气的样子，觉得自己的问题很傻。

人生有时候就是一场赌局，你看不清命运的底牌到底是好还是坏，你只知道你手上有多少筹码，但是这样已经够了，只要你觉得可以拼，值得拼，就可以赌一局。

一开始我很兴奋，可是还没做多久就开始乏力。所幸的是，他是一个基督徒，每到周末时，都会带我去教堂做一次祷告。

在这个祷告的过程里，我和他们一起做着义务劳动，感激着所有美好的恩赐，这一切就像是一个安慰剂，慢慢溶解掉了我曾经的不快。

他说，你要相信，一件事，如果你想让它向着好的方向发展，它就一定会往好的方向发展的。

我发现，当我相信这些的时候，生活真的容易了许多。

我并没有去鼓舞同事辞职，我把这个故事讲给她听了之后，又问了她一个问题，你最初想要过什么样的生活？

其实，所有的工作都一样，都会给人带来规则、烦恼和不快乐。幸运的是，有些人能从痛苦中找到快乐，而有些人却只能不停地切换自己的模式，但却始终也找不到自己该有的位置。

她说，是因为你从祷告中获得了力量吗？

我告诉同事说，我曾经也以为是这样的，但是后面我发现并非如此。祷告只是一种形式，它起到的唯一作用就是强化我们的认知，当我们真的相信自己的这些认知是好的，我们就会更有动力去达成它们，当我们有了信念，还有了努力，这个世界上还有什么事是能难倒我们的呢？

人生的艰难只能自己消化，不会有任何人出来帮忙。

当岁月一刀刀把你的棱角切掉，我们可以从停顿处学会收拾起一切，相信信念的力量。

※ 谁的人生不犯错，错误也可以是成长的养料

很多年前看过一则趣味报告，报告指出，美国人心目中最恐惧的事情，第一是死亡，第二是演讲。

恐惧死亡是人类共性，名列榜首也是应该的，但是紧跟其后的竟然是演讲，这也太让人费解了吧！在公众面前演讲有那么可怕吗？生活中，不是随处可见在人群中滔滔不绝，表达自己想法的人吗？

关于这点，那则报告也有专门的解释。

原来，美国人并不是害怕在公众面前演讲，发表自己的意见，他们害怕的是自己在演讲台上犯错，舌头打结，一句话半天都说不清，俗称“吃螺丝”。“吃螺丝”会让他们觉得很丢脸，感觉自己下不来台。

其实，事情并没有他们想象中的那么严重，因为犯错是人之常情，网络上就经常流出名嘴主播在主持节目时讲错话、“吃螺丝”

的搞笑视频，作为网友，我们从来不会去嘲笑他们，反而会觉得他们很可爱，很接地气，跟我们一样都是普通人。

没有谁的人生是不曾犯过错的，我们都是普通人，普通人的一生就是不断地磕磕碰碰，跌倒又爬起来的一生。我们犯过的错误，也并非一点用处都没有，很多宝贵的人生经验都是从错误中得来的，错误也可以是我们成长的养料。

可口可乐是当下很多人喜爱的碳酸饮料，到目前为止，全世界有三分之一的人都在喝这种饮料，然而，大家可能不知道，风靡全球的可口可乐，它的诞生其实最开始也源自一个错误。

19世纪80年代，在美国佐治亚州亚特兰大市有一家药店，老板约翰·彭伯顿是个业余药剂师，他想要发明一种药水，帮助人们解决头疼病。

在研究的过程中，他发现古柯树叶和可拉树果具有提神兴奋的作用，而且印第安人和西非人长期以来就把它们用作醒脑的药物。

这个发现给他很大的启发，经过多次试验，这种用古柯叶、可拉果、蔗糖、食用油和香精等配成的健脑药水炼制出来了。他还用“古柯”和“可拉”这两个词的谐音，为这种浅棕色的液体取名“可口可乐”。作为一种新型治头疼药水，可口可乐受到患者的欢迎，但它毕竟是一种药剂，销售量是微乎其微的。

有一天，一个头疼病人来到药店，要求给他一杯可口可乐药水服用。店员稀释这种药水时，一时疏忽，错把苏打水当成冷开水掺了进去。那位患者不明就里，举杯就喝，只觉浑身畅快，连声喊道："你今天的可口可乐药水真是太棒了，味道简直妙极了！"

彭伯顿闻声从里屋出来，喝了一口杯中所剩药水，也觉得味道与往常不同，确实妙不可言。他问清事情的经过后，便决定将错就错，以新配方配制可口可乐。

那位病人意犹未尽地又痛饮了一杯。在他的宣扬下，很多顾客接二连三地跑来要求品尝这种特殊风味的药水，有的干脆就把它当作日常饮料来饮用。就这样，一个小小的错误，竟让可口可乐远近闻名，最终成为人见人爱、销量全球的饮料。

澳大利亚科学家贝弗里奇说过："犯错误是无可非议的，只要能及时觉察并纠正就好。谨小慎微的科学家既犯不了错误，也不会有所发现。"

是的，没有错误也很难有惊人的发现，可口可乐的故事也恰好说明了这点。

我知道，很多人之所以害怕犯错，是担心自己受到错误的惩罚，在他们的认知里，错误只会给自己带来痛苦和眼泪，只要自己不犯错，就永远不会有悔恨和曲折，自己的人生也能享有最大的安宁和幸福。

不得不说，这样的想法确实很美好，但是很遗憾，这是在痴心妄想。

在时间还没有走完之前，你永远不知道等待你的是什么，你唯一能做的，就是相信当下的自己，相信自己所做的每一个选择，你踏踏实实地去生活，心中毫无畏惧和恐慌，至于最终的结果如何，全部交给命运去安排。

要知道，这可不是对命运的举手投降，而是对自己的极大信任。

邻居家有个妹妹今年大学毕业，家里人都想让她考一个教师资格证，以后好去学校当老师，这样工作比较稳定，老师这个职业也很体面。

对于家里人的建议，小妹妹还是有点犹豫，因为她并不是很喜欢跟小孩子打交道，可是她胆子又很小，害怕自己做错决定走错路，耽误了宝贵的青春。

于是，她跑过来问我的意见。

我啥都没说，只推荐她去看一个小品——《懒汉相亲》。

这个小品是宋丹丹跟雷恪生主演的，内容也很简单，就是村长做媒，给村里的资深懒汉潘富（雷恪生饰演）介绍了一个对象魏淑芬（宋丹丹饰演）。

在相亲那天，魏淑芬口口声声都是“俺娘说”。比如，俺娘说了，女儿大了要出门，要找找个勤快人；俺娘说了，有些个人胡扯乱扯当本事，牢骚坏话烦死人；俺娘说了，耍皮球睡懒觉，这样的男人可不能要……

魏淑芬每说一个“俺娘说了”，懒汉潘富的脚就疲软一分，因为魏淑芬的话句句戳中他的软肋，让他越来越没有底气，最后只能如软脚虾一般瘫软在地上。

潘富确实很懒，他并不是一个很好的结婚对象，但魏淑芬就没有问题吗？她一口一个“俺娘说了”，简简单单的四个字，传递出的信息量却很庞大，第一，她是一个没有主见的人；第二，她很害怕犯错，缺乏应有的冒险精神。

这是很可怕的。

对于一个成年人来说，当温室的花朵固然安全，但却非常乏味、无趣，你所有的人生体验都是别人给你安排的，就连挑选人生伴侣，这么重要的一件事，都要遵从“俺娘”的指示，你自己的感受和想法又去哪里了呢?

当然，我不是说父母的意见听不得，我的意思是，你的人生是你自己的，父母的意见可以做参考，但是真正要去做选择的人，必须是你自己。

哪怕你做的选择最终失败了，那也没关系，因为你从中得到的体验都是很独特的，有着鲜明的个人色彩，那是独属于你的私人印记，证明你不是一个千篇一律的人。相反，你很勇敢，也很特别，你来到这个世界，你这朵花绽放了不一样的颜色。

看完这个小品后，小妹妹如梦初醒，她决定冒险一回，去做自己喜欢的事情。她对我说，哪怕最后的结果不尽如人意，她也不后悔，她相信，只要她努力活出真实的自己，不辜负命运，命运也终究不会辜负她。

生活就像一个修炼场，每一个在里面摸爬滚打的人，都佩戴着错误的勋章。错误并不可怕，犯错也并不可耻，只要我们足够相信自己、信任命运，错误一样可以成为滋养我们生命的养料，毕竟很多生活智慧，都是从错误中汲取的。

※ 信任可以信任的人，但同时给人性上锁

朋友小C最近心情不太好，隔三岔五就跟老公吵架，怪老公不体贴，说话总是向着婆婆，一点也不爱她，不为她着想。

吵架吵到激烈时，小C甚至动了离婚的念头，她还寻思着把婚后娘家拆迁自己得到的那几十万转到父母的银行卡上。

“拆迁款是我的，他休想拿走一分钱。”小C在微信上咬牙切齿地跟我说。

短短的一句话，却暴露出她在婚姻中对老公的极度不信任。

小C是我多年的朋友，她的性格我很了解，她是一个非常没有安全感的人，平时上淘宝买个东西都会疑心半天，生怕商家骗她，给她发一个质量不好的产品。

而我跟她恰好相反，不管买什么东西，只要我挑好了，我都会选择信任商家。

有意思的是，我每次买的东西质量都很好，小C跟着我也买过不少，几乎每一样都是精品。对此，小C也是满肚子疑惑，她不明白，为啥我买东西总是一看一个准，而她却总是买到质量令人堪忧的产品。

当然，这还不是她最大的疑惑。

有次我们出去逛街，她很严肃地问我："你跟我说实话，你每次买东西，难道就不担心自己被骗吗？"

"不担心，"我对她说，"上淘宝买东西，本来就是一次冒险，花了钱如果东西不好，你可以申请退货，最差的情况也不过是损失十几块运费钱。"

而这是一个人必须付出的试错成本。

要知道，真正想做生意、赚大钱，不是捞一把就走的人，都会爱惜自己的羽毛，珍惜自己的声誉和口碑，想方设法给消费者提供优质产品和优质服务。

如果他不能提供好产品和好服务，你花点小钱就能检验出来，以后再也不来他的淘宝店买东西就行了。

但不管怎么样，你都必须先给出自己的信任。

如果你给不出信任，那就不要买，既然决定买，就不要随便怀疑。

这也是人们常说的"用人不疑，疑人不用"。

其实，不只是买东西，在人际交往中，我们也要做到这一点，努力去相信每一个人，但同时，也要时刻留意自己的真实感受。

因为在这个世界上，没有一劳永逸的关系，当你选择信任一个人时，不代表你可以将心丢在一边，从此高枕无忧地过日子。

任何时候，跟任何人相处，都要带上这颗心，因为这颗心连接着你的真实感受，而你的真实感受里藏着最深的公义。如果有人辜负了你，或是做了损害你利益的事儿，那你就可以在第一时间察觉到，并及时采取有效的措施保护自己。

小乐很爱她老公，平时对老公百依百顺，大事小事都让老公做主，家里的财务也自然交给老公打理，而她自己几乎从来不过问。

身边的朋友都很不赞同她这种做法，常常劝她，让她上点心，起码也要知道家里的钱都花在哪里了。小乐却不以为然，她觉得既然结婚了，那夫妻俩就是一个利益共同体，她相信老公，相信他做的选择都是为了这个家好。

从表面上看，这些话都挺对的，作为夫妻，确实应该彼此信任，可小乐没有想过，人性复杂，不管何种关系，给予对方毫无约束的权力，都是非常危险的。

这不，麻烦很快就找上门了。

有一天，小乐下班回家，发现老公在家里哭，一问才知道，他被一个同学骗了，把家里所有的钱都拿去投资一个项目，事后却发现对方是一个传销组织，然而已经来不及了，这个团伙已经卷款逃跑了，他投进去的钱再也拿不回来了。

这个事给小乐很大的打击，她看着鼻涕眼泪糊一脸的老公，心里是既难受，又气愤，她好后悔，要是当初自己听进去朋友们的劝告就好了。

只可惜，时光不能倒流，世上也没有后悔药吃。事情既然已经发生了，那也就只能接受，只是这一次，她决定改变婚姻中的游戏规则。

她对老公说，以后家里的财政大权由她接管，不管做什么，买什么，只要单笔金额超过五百元，都必须提前跟她商量。

而老公有错在先，满怀愧疚，自然不敢不同意她定下的规矩。

收回财政大权后，小乐的很多观念和做法都发生了变化。以前，老公不爱做家务，她就把所有家务都包揽了下来，以前老公下了班总是出去应酬客户，她就老老实实待在家里等他，从不打电话查岗，让他心烦。

可现在呢，小乐会把家务分成两部分，她跟老公每人负责一部分；老公出去应酬，不回来吃饭，她会保留自己查岗的权利，偶尔来个突然袭击，一个视频电话打过去，看看老公在哪里，跟哪些人在一起，正在做些什么事。

自从小乐收回关系中的掌控权后，家里的经济条件一天比一天好，她在家里的地位也越来越高，老公对她的态度也越来越敬重，她自身的幸福感也越来越强。

跟过去相比，小乐显然变得越来越成熟了。

现在的她对人性有了更多的理解，经营婚姻也就有了更多的智慧。她说，她依旧相信老公，关爱老公，在经济上不会对老公管控太严，在情感上也不会动不动就疑神疑鬼，但是，她也不会再像之前那样在关系中偷懒，放松应有的警惕了。

是呀，在关系中偷懒，放松警惕的人，很容易被温水煮青蛙。经营关系是需要智慧的，我们既不能总带着疑心跟人相处，也不能闭着眼睛被别人牵着鼻子走。

曾听过一段话："不管跟谁相处，都要把感情的变化、人性的溃败预先计算在内，没有忧患意识的人生，不论眼下多么繁荣，都潜藏着可怕的危机。"

所以，最好的办法是，信任那些值得你信任的人，同时给复杂的人性上一把锁。如果能做到这点，那在关系变质的第一秒，你就能立马闻出不对劲的味儿。

※ 学会止损，不是所有的事情都要坚持到底

自古以来，“永不言弃”“坚持到底”就被很多人奉为圭臬，人们在夸父追日和愚公移山的故事中领略到了坚定执着的人生智慧。

然而，我们必须看到，并不是所有的事情都值得我们坚持到底，尤其是那些早已不能给我们带来幸福和收益，只会给我们造成更大损失的事情。

有这么一个故事。

一个年轻人背着一个大包裹千里迢迢跑来拜访大师，他双眉紧蹙地问道：“大师，我好孤独，好痛苦，长期的跋涉让我疲惫到了极点。您看，我的鞋子都破了，双脚满是被荆棘割破的伤痕。我的手也受伤了，血一直流个不停。我的嗓子更是因为长久的呼喊而喑哑，我不明白，为什么我还是不能找到心中的阳光呢？”

大师充满同情地看着他，问道：“年轻人，你的大包裹里装的

是什么？”

年轻人回答说：“包裹里装着我每一次跌倒时的痛苦，每一次受伤后的哭泣，每一次孤寂时的烦恼。它对我很重要，靠着它，我才能走到您这儿来。”

大师听了，什么话也没说，他径直把年轻人带到河边，两个人一起坐船过了河。上岸后，大师对年轻人说：“你扛着船赶路吧！”

“什么，扛着船赶路？”年轻人一脸诧异，“船那么沉，我扛得动吗？”

“是的，年轻人，你扛不动它。”大师微微一笑，说，“过河时，船是有用的，但过了河，我们就要放下船赶路，否则，它就会变成我们的包袱。”

人生不也是如此吗？如果一个人、一件事、一段经历，只会给你带来无尽的痛苦和折磨，你还继续在上面付出自己的时间、情感和精力，那你就会像一个过了河还扛着船赶路的人，每一步都走得无比沉重，每一步都损失更多。

相信很多人都听过一句话——有结果的付出叫付出，没有结果的付出叫代价。当你付出得越多，你投进去的成本就越大，你也越是难以放手，因为你不甘心自己的付出没有回报，可是你没有想过，如果你不放手，不回头，你最终还是会付出更大的代价，而这个代价很有可能是你一生的幸福。

前几天，我收到一位读者的求助信。她叫小鹿，今年二十二岁，高中毕业后就去沿海城市的工厂打工，她在信中向我倾诉了困扰她已久的感情问题。

小鹿说，工厂有个同事阿强大她两岁，一年前，阿强向她表白，说喜欢她，希望她做他的女朋友。小鹿一个人在外地，平时也很寂寞，她见阿强这么热情，很快便答应了他，然后相处不到一个月，两人就发生了关系。

刚开始，他们的感情还算甜蜜，下班后，阿强经常带她出去玩，看电影、逛街、玩游戏、和朋友聚会，每天的活动几乎都不重样。

小鹿很开心，以为自己找到了“真命天子”，于是时常幻想两人结婚的场景，还有未来宝宝的模样。她对阿强说，以后不要出去玩了，多存点钱结婚，生孩子也要花钱。阿强却跟她说，结婚还早，先好好享受生活最要紧。

但小鹿没有听进去，她一下班就回去做饭、洗衣服、打扫卫生、收拾屋子，还催阿强回来吃饭，阿强很不情愿，可他不回去，小鹿又会大发脾气。

吵了几次后，阿强也累了，他对小鹿的感情也逐渐褪色，为了避免冲突，他下班后索性关机，一个人出去跟朋友玩，玩到通宵才回来。

小鹿当然很生气，天天跟阿强吵架，指责他没良心，有一次两人吵到不可开交，小鹿就收拾行李去了朋友家，其间阿强也没有挽留她、恳求她回来。

在朋友家住了几天，小鹿每天都坐立难安，她很想阿强，舍不得两人的感情，更不甘心自己的付出没有结果，于是，自己又提着行李回去了。

可回去后，她发现阿强“移情别恋”了，在微信上跟一个女生聊得火热。气急之下，小鹿又抓着阿强吵，说他劈腿，命令他把那个女生删掉。

阿强不同意，冷漠地对她说，他们已经分手了，他爱跟谁聊就跟谁聊，用不着她管。听了阿强的话，小鹿如遭雷劈，她不肯接受这样的结果，于是一直缠着阿强，说尽了各种狠话，可她越是纠缠，阿强对她的态度就越是嫌恶。

小鹿问我该怎么办，她觉得自己失去了很多，她不甘心自己用心浇灌的感情是这样的结局。

还能怎么办？他们的感情已经恶化到这种地步，彼此都见到了对方最不堪的一面，与其再在阿强身上浪费宝贵的时间和精力，还不如有骨气一点，挺直腰杆，大方祝福对方，体面地离去。

这样做，反而能赢得阿强的尊重。

而且，和她未来的幸福相比，眼下这点情感损失和肉体损失，真的算不得什么。人的目光要放长远一点，对于已经死去的情感，不要留恋，不要执着，不要再继续坚持下去，转身离去，最大限度地止损，降低沉没成本，方为上上策。

其实不止感情应当如此，在很多事情上，每个人都最好具备一点经济头脑。毕竟，时光不能倒流，过去的损失已然成定局，你再不愿意放手，也要说服自己放手。放手就是幸运，因为未来可期，属于你的幸福或许就在下个转角处等你。

※ 谁说人生必须一帆风顺，谁说人生必须心想事成

“祝你一帆风顺，心想事成”是每个人都耳熟能详的祝词，简简单单的几个字，就道尽了人们对美好顺遂人生的期望和渴望。

可是，期望过重、渴望太深，人就容易患得患失，活得紧张忐忑，在这样的心境下，你越想得到的，反而越是得不到。

是的，当“一直过得好”“一切顺意”成为你心中的执念，你就成了一个输不起的人，但凡遇到一丁点挫折，都会沉重打击到你脆弱的心，让你感觉人生正在脱离你的掌控，你建在沙堆上的世界正濒临崩塌。

古人说得好，人有悲欢离合，月有阴晴圆缺。

生活中，总有一些事让我们高兴，也有一些事让我们心烦；我们总是能得到一些人的认可，也会被一些人否定；我们有清醒的时候，也有迷糊的时候；有判断准确的时候，也有判断失误的

时候……

人的一生，就像在荡秋千，没有谁会一直处在高处，也没有谁会一直落在谷底，所有人都在高低之间来来去去。你不停地在得到，也不停地在失去，什么时候承认并接受这个既定的事实，你什么时候才能收获内心真正的安宁。

以前我也是一个掌控欲很强的人，希望事事按照自己想要的方向发展，这导致我很容易因为他人的不配合，以及事情的变化不如我意而变得情绪激动，这是一种极大的能量消耗，此外，这种对抗还会让我置身险境，或严重损伤自己的利益，从结果来看，是非常任性且不明智的。

后来，看郑念书写自己在“文革”中的经历，我突然发现她对人性的洞察、包容和体恤，以及她为求得生存，尽可能降低外界对自己身心的伤害所采取的手段，跟我老公惊人地相似，这让我很受震撼，不由得陷入深思。

我曾问过老公很多问题，想看看他在极端情况下的选择，而他每次的选择都让我看到他对生命的敬畏和热爱。

他说，生命是一个从无到有的过程，生命最大的意义在于它拥有无限可能，所以哪怕要忍受一时的痛苦，只要让我看到未来依旧有重获自由、创造幸福的可能，我都会想方设法活着。

因为敬畏生命本身的力量，好好活着成了一种“信仰”，为了达成这个目的，面对外界的挑衅、羞辱和打击，他们都能将情绪的消耗降到最低值，从而最大限度地保全自己。

他们才是控制欲最弱的一群人，但命运的神奇就在于，因为他们不控制，坦然接受人事的变化，反倒成了最具领导思维，最能把握自身命运之船，最能创造更多幸福的人。

药山禅师门下有两个弟子：一个叫道吾，一个叫云严。

一天，大家坐在郊外参禅，看到路旁有棵树长得很茂盛，绿意盎然；而另一棵树却枯死了，于是药山禅师就想试探两个弟子的功行。

药山禅师先问道吾："荣的好呢？还是枯的好？"

道吾答："荣的好！"

药山禅师再问云严："荣的好呢？还是枯的好？"

云严却说："枯的好！"

这时正好走来一个沙弥，药山禅师就转而问他："荣的好呢？还是枯的好？"

沙弥说道："荣的任它荣，枯的任它枯。"

好一个"荣的任它荣，枯的任它枯"！每个人的人生都需要这样的平常心，你可以期盼未来的幸福，但最好给"不幸福"也留一点空间。

有心栽花花不开，无心插柳柳成荫。命运向来偏爱心态放松的人，只有不执着于"一帆风顺""心想事成"，你才能更多地得到自己想要的东西。

※ 撇开天赋谈奋斗，既疲惫又不闪亮

每个人在上学期间都学习过爱迪生的经典名言——天才是百分之一的灵感加百分之九十九的汗水。很多人被此激励，甚至拿去当座右铭，却可能并不知道它还有后半段。这句完整的名言是——天才是百分之一的灵感加百分之九十九的汗水，但那百分之一的灵感更重要，甚至比百分之九十九的汗水更重要。

这里的灵感指的就是天赋，在爱迪生看来，没有那百分之一的天赋，百分之九十九的汗水就只是被太阳一晒就蒸发掉的水而已。

梁宏达也曾说过："一个人的天赋，决定了这个人能否达到行业的顶端，而努力只能够决定他可不可以在行业里成为优秀者。而有些人没有天赋，不管再怎么努力，也是不会有结果的。"

在他们看来，努力决定一个人的下限，天赋能决定一个人的上限。

天赋是指天资，即生来具有的、禀受于天的资质，是成长之前就已经具备的成长特性。在某些事物或领域具备天生擅长的能力，而使其可以在同样经验甚至没有经验的情况下以高于其他人的速度成长起来，而且有它的独一性、特殊性、不可逆性。

读书期间，老师曾对我爸妈说过："你家孩子有点偏科，数学有点差，但是我相信只要肯努力，成绩也能迎头赶上的。"我也曾经不信邪，拼命刷题，天天过非人一般的日子，坚信笨鸟先飞，天道酬勤，结果发现勤不见得能补拙，甚至能把短处暴露得更彻底。而反过来，学霸同桌天天逃课泡网吧，哪怕坐在教室里也是睡觉，人家却能对着我头痛的题三下五除二地画辅助线，对着一脸懵然的我边叹气边讲解半天，突然反应过来："哦，这是大学高数的范围。"

我问同桌为什么会这些，人家买了几本教辅翻了翻，就会了，认真听课对他而言是真的浪费时间。那一瞬间，我想死的心都有了。

我也曾刷到一位学霸发的微博，说他其实每天回家都是打游戏、看电视、翻杂志，每次有家长请他教教自己的孩子，说孩子那么努力，又补了很多课，做了很多题，成绩还是上不去，是不是学习方法不太好时，他就会微笑地回道他只是更努力一点而已。于是那些家长心有不甘地再教训自己的小孩，还是不够努力呀。可是学霸心里很清楚答案就是智商差太多。

因为这些，以至有很长一段时间，我都觉得"努力"是一个很残忍的词，一听到老师或者邻居夸我努力，我都很难过。我想，没有人愿意被夸努力。因为人人都能做到努力，但愿意去努力即意味着本身不够聪明、不够有才、不能一点就通，总之，浑身上下没有出众的点，只能用蛮劲儿、用时间费劲巴力地去弥补人家轻易就能拥有的，夸都夸得很敷衍、很安慰，只差把“笨”这个词堂而皇之地说出来。

谁不想拥有轻轻松松又会被羡慕的人生呢，我想。那段时间我也恨命运的不公和苛刻，可是后来才明白，我一直都比较错了人，我的智商是很一般，我也不太会学习，可是这些顶多困扰我到十八岁，我以后的人生还很长，我现在的数学还是很烂，可是我的生活完全没问题。

很多人都觉得自己没有天赋，所以才中庸，但实际上人人都拥有不同程度、不同领域的天赋。比如有的小孩只听过一遍歌曲，就能不走调地哼出来，比如有的人鼻子很灵，能感受到气味的细微差别，比如有的人第一次游泳就能学会，比如有的人拥有很强的模仿能力，喜欢表演，享受被注目的感觉，比如有的人能观察到生活中很多别人观察不到的细节，又比如有的人具有极高的同理心、亲和力，和谁都能愉快交流，这些在某领域拥有超过他人的灵敏度，都是天赋。

而我们要做的就是在努力之前，挖掘出自己天赋的领域。

而在挖掘的时候，很多人都没有从自身实际出发，而是人云亦云。当年房地产行业很火热，所有人都趋之若鹜，想去分一份蛋糕，哪怕一点蛋糕渣也可以。后来互联网浪潮又涌起，很多人都觉得是未来趋势，很多人转脚踏进互联网，后来大家觉得金融行业既光鲜又有格调，就立志进四大会计师事务所，现在又有很多人发现养老、培训行业是未来风潮，又对它们跃跃欲试。

所以很多人都觉得只要自己愿意花时间去学，只要在相关领域慢慢熬经验，总能熬出头的。

美国作家格拉德威尔也曾在《异类》中提出著名的“1万小时定律”：人们眼中的天才之所以卓越非凡，并非天资超人一等，而是付出了持续不断的努力。一万小时的锤炼是任何人从平凡变成世界级大师的必要条件。格拉德威尔认为，只要在后天刻意地正确练习一科知识或者一项技能一万个小时，就可以成为该领域的专家。而相关科学家也证实此理论的可行性。

很多人想，如果每天学习4小时，每周5天，大概需要10年时间，10年就能成为专家，是很划算的一件事，我可以的。

可是哪怕有理论和科学数据做支撑，我们也不能忽略此定律成功的前提是有一万小时的正确练习方法，也不能忽略在一万小时里的情绪波动，就像当年因为不拖高考后腿而无视数学是自己短板的前提，去死心眼地猛抓一样，在这一领域的佼佼者面前，没有足够的信心和激情支撑，或许会不甘心，或许会突然崩溃。

心里有梦的人，走到哪里都自带闪光，但是没有人愿意一直被否定。

所以哪怕这些行业再热门再光鲜，如果不适合自己，就应该选择避开，因为这并不是正确的方向。如果执着于此，就像是闯进鹤群的异类，很难获得自信和热情，而更容易陷入大量焦虑、痛苦和自我怀疑中，在这种心理状态下，很辛苦也很难坚持一万小时的努力，这就成了一个很容易失败的闭环，也是性价比最低、成功率最低的路线，或许倾其所有，也只能用有限的能力望其项背，反而也浪费了自身真正的天赋。

撇开天赋谈努力，等于跑错人生的轨道，一直在奔跑，却永远不会成功，或者要比别人多跑很多弯路才能抵达。

就像人人皆知的周杰伦，他一直很感谢当年妈妈逼着他学钢琴，才会有他今天的成绩，甚至为此出过一张以妈妈名字叶惠美命名的专辑。可是每一年都有那么多孩子被家里逼着学钢琴，甚至比叶惠美逼周杰伦逼得更狠，可是迄今为止，华语乐坛又出了几个周杰伦呢。

有且仅有的一个而已。

要记住，年轻是资本，但并不是能肆意挥霍的资本。那些叫你因为年轻所以可以大胆试一试的人，可能是害你的人。

我很庆幸，在数学烂得一塌糊涂的同时，我的语文答题卡经常是满分，写的作文也时时被老师当样文，在填报志愿的时候，我毅然决然地选择了新闻系，没有挥霍资本，从那时起，我就清楚我就是要靠文字而活的人，从今以后，我都不会再努力错方向。

这时，我才意识到“努力”也是个很现实的词，它逼迫人们要认清自己，必须选择正确的方向，不能一头热地盲目而为。

努力从来都是和天赋相辅相成的，道理很显而易见，如果要挥洒同样百分之九十九的汗水，如果要花费同样的一万个小时，为什么不用在有天赋的领域呢。

而在我的天赋领域，在我读大学期间就给予了我正向的反馈，我写的稿子换来了不少稿费，每次收到汇款通知，都会涌起一股骄傲，而这股骄傲又给我建立更多自信，从而让自己坚持努力下去。

这个时候，我明白努力是个坚定的词，它要求我们选定道路就不能半途而废。

如今文字早就成为我吃饭的工具，我每天与它为伴，生活与它息息相关，一直走在一万小时定律的路上，我知道我迟早会走到终点。

※ 那些杀不死你的，只会让你变得更强大

我有个好友，平时日子过得很辛苦，别人可以轻松换工作，又或是每个月发了工资后尽情地买买买，但她却不能，因为她必须存钱给家里盖房子。

“有时候，压力真的挺大，我睡觉都会梦魇，哭着从梦中醒来。”她偶尔会这么跟我感叹。

尽管如此，她却从不后悔自己的选择。

几年后，当父母住进新房展露笑颜时，她感觉一切都很值得。

最重要的是，在生活的道场摸爬滚打后，她变得越发成熟，更加了解自己是一个什么样的人，性格上有哪些优势和缺陷，同时她还解决了自己跟原生家庭之间的矛盾和纠葛。

以前，她恨过父母，责怪父母势利，也全盘否定过父母对自己的爱。但几年时光过去，有了更多生活阅历的她发现，父母的

成长环境比自己更恶劣，如果她是父母，未必比他们做得更好。

而这一切体悟，她都归功于上天对自己的恩赐。

“人生有苦难，有重担，人性有邪恶，有欺凌，但是到后来这些都对我有益处，苦难竟是化了妆的祝福。”英国物理学家法拉第如是说。

我想，这段话或许可以成为所有人的座右铭。

人的一生，或多或少都会遇到一些难过的坎，眼皮子太浅，就会觉得上帝存心给自己使绊子，如果站高点儿去看，就会明白，那些都是上帝对强者的恩宠。